"好程序员成长"丛书

Photoshop CC
实战入门

◎千锋教育高教产品研发部 / 编著

U0341323

清华大学出版社
北 京

内 容 简 介

Photoshop 作为全球第一大图像处理软件,不仅拥有绝大部分的市场占有率,而且存在巨大的潜在客户。对于初学者而言,一本简单易懂、重点突出的教材至关重要。本书摒弃了传统的纯理论、纯文字的教学方式,采用理论联系实际、图文并茂的教学模式,让读者沉浸在制图、修图的乐趣中,从而更容易掌握Photoshop 的基础功能。本教材共分 15 章,从图像基础入手,学习各种操作工具,理解各种图层样式的特点,掌握图层修复技巧和蒙版、滤镜的使用,学习时间轴动画的制作。书中所有重要知识点都结合操作案例,并细化操作步骤,帮助初学者理解相关功能的使用。每章结尾设置了课程习题,以加深读者对重点内容的记忆和学习。初学者通过研读本书,能够学会 Photoshop 的基础操作,并在此基础上,掌握中高级修图、制图技能,具备运用 Photoshop 制作精美图片的能力,为进一步深入学习奠定扎实的基础。

本书适合初学者和中等水平平面设计人员,同样适用于高等院校及培训学校的老师和学生,是掌握Photoshop 图像处理的必读之作。

图书在版编目(CIP)数据

Photoshop CC 实战入门/千锋教育高教产品研发部编著.—北京:清华大学出版社,2020.1(2022.6重印)
("好程序员成长"丛书)
ISBN 978-7-302-53062-6

Ⅰ.①P…　Ⅱ.①千…　Ⅲ.①图像处理软件－高等学校－教材　Ⅳ.①TP391.413

中国版本图书馆 CIP 数据核字(2019)第 098357 号

责任编辑:陈景辉　薛　阳
封面设计:胡耀文
责任校对:时翠兰
责任印制:丛怀宇

出版发行:清华大学出版社
　　　网　　　址:http://www.tup.com.cn,http://www.wqbook.com
　　　地　　　址:北京清华大学学研大厦 A 座　　　　　邮　　编:100084
　　　社 总 机:010-83470000　　　　　　　　　　　　邮　　购:010-62786544
　　　投稿与读者服务:010-62776969,c-service@tup.tsinghua.edu.cn
　　　质量反馈:010-62772015,zhiliang@tup.tsinghua.edu.cn
　　　课件下载:http://www.tup.com.cn,010-83470236
印 装 者:三河市龙大印装有限公司
经　　销:全国新华书店
开　　本:185mm×260mm　　印　张:22.75　　　　　字　　数:549 千字
版　　次:2020 年 3 月第 1 版　　　　　　　　　　　印　　次:2022 年 6 月第 2 次印刷
印　　数:3001～3500
定　　价:89.90 元

产品编号:078644-01

编 委 会

序

为什么要写这样一本书

当今世界是知识爆炸的世界,科学技术与信息技术急速地发展,新技术层出不穷。但教科书却不能将这些知识内容及时编入,致使教科书的知识内容瞬息便会陈旧不实用,导致教材的陈旧性与滞后性尤为突出,在初学者还不会编写一行代码的情况下,就开始讲解算法,这样只会吓跑初学者,让初学者难以入门。

IT 这个行业,不仅需要理论知识,更需要实用型、技术过硬、综合能力强的人才。所以,高校毕业生求职面临的第一道门槛就是技能与经验的考验。学校往往注重学生的素质教育和理论知识,而忽略了对学生实践能力的培养。

如何解决这一问题

为了杜绝这一现象,本书倡导的是快乐学习,实战就业。在语言描述上力求准确、通俗、易懂,在章节编排上力求循序渐进,在语法阐述时尽量避免术语和公式,从项目开发的实际需求入手,将理论知识与实际应用相结合。目标就是让初学者能够快速成长为初级程序员,并拥有一定的项目开发经验,从而在职场中拥有一个高起点。

千锋教育

前　言

在瞬息万变的 IT 时代，一群怀揣梦想的人创办了千锋教育，投身到 IT 培训行业。自 2011 年以来，一批批有志青年加入千锋教育，为了梦想笃定前行。千锋教育秉承用良心做教育的理念，为培养"顶级 IT 精英"而付出一切努力。为什么会有这样的梦想？我们先来听一听用人企业和求职者的心声：

"现在符合企业需求的 IT 技术人才非常紧缺，这方面的优秀人才我们会像珍宝一样对待，可为什么至今没有合格的人才出现？"

"面试的时候，用人企业问能做什么，这个项目如何来实现，需要多长的时间，我们当时都慌张了，回答不上来。"

"这已经是我面试过的第 10 家公司了，如果再不行的话，是不是要考虑转行了，难道大学里的 4 年都白学了？"

"这已经是参加面试的 N 个求职者了，为什么都是计算机专业，当问到项目如何实现时，连思路都没有呢？"

这些心声并不是个别现象，而是中国社会反映出的一种普遍现象。高校的 IT 教育与企业的真实需求存在脱节，如果高校的相关课程仍然不进行更新，毕业生将面临难以就业的困境，很多用人单位表示，高校毕业生表象上知识丰富，但这些知识在实际工作中用之甚少，甚至完全用不上。针对上述存在的问题，国务院也做出了关于加快发展现代职业教育的决定。很庆幸，千锋所做的事情就是配合高校达成产学合作。

千锋教育致力于打造 IT 职业教育全产业链人才服务平台，全国有数十家分校，数百名讲师团坚持以教学为本的方针，全国采用面对面教学，传授企业实用技能，教学大纲实时紧跟企业需求，拥有全国一体化就业体系。千锋的价值观是"做真实的自己，用良心做教育"。

针对高校教师的服务：

（1）千锋教育基于近七年来的教育培训经验，精心设计了包含"教材＋授课资源＋考试系统＋测试题＋辅助案例"的教学资源包，节约教师的备课时间，缓解教师的教学压力，显著提高教学质量。

（2）本书配套代码视频索取网址：http://www.codingke.com/。

（3）本书配备了千锋教育优秀讲师录制的教学视频，按本书知识结构体系部署到了教学辅助平台（扣丁学堂）上，可以作为教学资源使用，也可以作为备课参考。

高校教师如需索要配套教学资源，请关注（扣丁学堂）师资服务平台，扫描下方二维码关注微信公众平台索取。

扣丁学堂

针对高校学生的服务：

（1）学 IT 有疑问，就找千问千知，它是一个有问必答的 IT 社区，平台上的专业答疑辅导老师承诺工作时间三小时内答复读者学习中遇到的专业问题。读者也可以通过扫描下方的二维码，关注千问千知微信公众平台，分享其他学习者在学习中遇到的问题和收获。

（2）学习太枯燥，想了解其他学校的伙伴都是怎样学习的？可以加入扣丁俱乐部。"扣丁俱乐部"是千锋教育联合各大校园发起的公益计划，专门面向对 IT 有兴趣的大学生提供免费的学习资源和问答服务，已有三十多万名学习者获益。

就业难，难就业，千锋教育让就业不再难！

千问千知

关于本书

本书可作为高等院校本专科计算机相关专业的 Photoshop 入门教材，由于其中包含千锋教育 UI 设计师基础的课程内容，因此本书是一种适合广大计算机编程爱好者的优秀读物。

抢红包

本书配套源代码、习题答案的获取方法：添加小千 QQ 号或微信号 2133320438。

注意！小千会随时发放"助学金红包"。

致谢

本书由千锋教育高教研发团队与 UI 教学团队合作完成，大家在近一年时间里参阅了大量 Photoshop 基础教材和图书，通过反复的修改最终完成了本书的编写。另外，多名院校老师也参与了教材的部分编写与指导工作，除此之外，千锋教育的 500 多名学员也参与了教材的试读，他们站在初学者的角度对教材提供了许多宝贵的修改意见，在此一并表示衷心的感谢。

意见反馈

在本书的编写过程中,虽然力求完美,但难免有一些不足之处,欢迎各界专家和读者朋友提出宝贵意见,作者联系方式:huyaowen@1000phone.com。

千锋教育高教产品研发部

2020 年 1 月

目　　录

第 1 章　　　概　述

本章学习目标：

- 认识图形图像基础知识，分辨位图与矢量图，学习各种颜色模式的特点。
- 了解 Photoshop 工作界面，熟悉其基本操作。

视频讲解

Photoshop 是由 Adobe 公司开发和发行的图像处理软件，在图像处理领域独占鳌头，它提供了强大的图像处理功能，被广泛运用于图像处理、广告设计、网页设计以及 UI 设计等领域。本章旨在概述图像理论知识的基础上，带领读者初识 Photoshop 工作界面，为进一步的学习奠定基础。

1.1　图像基础知识

1.1.1　位图与矢量图

图像根据其形成因素分为位图和矢量图。Photoshop 是典型的位图软件，同时也包含一些矢量功能。

1. 位图

位图也称点阵图或像素图，将位图放大到一定程度会发现紧密排列的小方格，这些方格即为像素点，像素是位图的最小组成单位。同样尺寸的位图，像素越多，图像越清晰，颜色之间的混合也越平滑。位图图像表现力强，图像细腻，层次多，可以表现十分绚丽的色彩效果。由于位图是由可编辑的众多像素点组成的，所以对图像进行放大、缩小或拉伸时，会使位图失真，如图 1.1 所示。

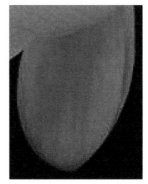

(a) 原图　　　　　　　　　　(b) 局部放大

图 1.1　位图原图与放大图比较

2

2. 矢量图

矢量图又叫向量图,是由一系列的计算机指令来描述和记录的一张图,它所记录的是形状、线条和色彩,其最重要的优点是放大不失真,如图 1.2 所示,因此被广泛应用于标志设计、图案设计、插画设计等。其缺点是难以实现色彩丰富、层次清晰的图像效果。

(a) 矢量图原图　　　　　　　　(b) 矢量图局部放大

图 1.2　矢量原图与放大图比较

1.1.2　色彩模式

图像根据其呈现的颜色样式分为多种色彩模式,常见的有 RGB 模式、CMYK 模式、灰度模式、位图模式和索引模式。

1. RGB 模式

RGB 模式是 Photoshop 最常用的颜色模式,也称为真彩色颜色模式。在 RGB 模式下显示的图像质量最高,因此 RGB 模式成为 Photoshop 的默认模式,并且 Photoshop 中的许多效果都需要在 RGB 模式下才可以生效。RGB 颜色模式主要是由 R(红)、G(绿)、B(蓝)三种基本色相加进行配色,并组成了红、绿、蓝三种颜色通道。在打印图像时,不能打印 RGB 模式的图像,这时需要将 RGB 模式下的图像更改为 CMYK 模式。

2. CMYK 模式

CMYK 模式也是常用的颜色模式,主要运用于印刷品。CMYK 模式主要是由 C(青)、M(洋红)、Y(黄)、K(黑)4 种颜色混合而配色的。值得注意的是,在印刷时如果包含这 4 色的纯色,则必须为 100% 的纯色。由于在 CMYK 模式下 Photoshop 的许多滤镜效果无法使用,所以一般都使用 RGB 模式,只有在即将进行印刷时才转换成 CMYK 模式,这时的颜色可能会发生改变。

3. 灰度模式

灰度模式下的图像只有灰度,而没有其他颜色。每个像素都是以 8 位或 16 位颜色表示,如果将彩色图像转换成灰度模式后,所有的颜色将被不同的灰度所代替。

4. 位图模式

位图模式是用黑色和白色来表现图像的,不包含灰度和其他颜色,因此它也被称为黑白图像。如果需要将一幅图像转换成位图模式,应首先将其转换成灰度模式。

5. 索引模式

索引模式主要用于多媒体的动画以及网页上。当彩色图像转换为索引模式时,图像的颜色包含 256 种,它主要是通过一个颜色表存放其所有的颜色,如果使用者在查找一个颜色时,这个颜色表里面没有,那么其程序会自动为其选出一个接近的颜色或者是模拟此颜色。

1.1.3 文件格式

在 Photoshop 中,文件可以保存为多种格式,常用的格式有 PSD、JPEG、PNG、GIF、TIFF 等,如表 1.1 所示。根据文件的用途可以将其保存为不同的格式。

表 1.1 Photoshop 文件格式

分　类	特　征
PSD 格式	是 Photoshop 中的源文件格式,这种格式能够保存图层、通道、路径、辅助线、蒙版、未栅格化的文字、图层样式等信息,因此可以再次对每个图层进行编辑
JPEG 格式	这种格式不保存图层、路径等信息,是合层文件,并且是一种有损压缩的文件格式,因此文件占用空间小,广泛运用于需要网络加载的领域,如网页中的 Banner、图片等
PNG 格式	PNG 格式是一种专门为 Web 开发的网页格式,可以保存透底图
GIF 格式	这种格式普遍运用于保存动画,而且占用内存较小,是适用于网页等网络载体上的图片格式
TIFF 格式	这也是无损压缩格式,用 Photoshop 编辑的 TIFF 文件可以保存路径和图层

1.1.4 分辨率

分辨率有多种单位和定义,在图像领域,分辨率是衡量图片质量的一个重要指标,同样长宽大小的图片,分辨率越高的图片越清晰,所占内存也越大。针对不同的载体,分辨率的要求也不同,多媒体屏幕显示图像分辨率为 72 像素/英寸,一般印刷品分辨率为 300 像素/英寸,高档画册分辨率要求在 350 像素/英寸以上。

1.1.5 通道

每个 Photoshop 图像都有一个或多个通道,每个通道中都存储了关于图像的颜色信息。图像中默认的通道数取决于图像的颜色模式。位图、灰度、索引颜色模式在默认的状态下只有一条通道,RGB 颜色模式有红、绿、蓝三条颜色通道,CMYK 颜色模式默认的通道有四条,如图 1.3 所示。除了默认通道外,还可以为图像添加 Alpha 通道,具体的添加方法和主要用途将在后面的章节详细讲解。

图 1.3　通道

1.2   认识 Photoshop

1.2.1   Photoshop 的工作界面

Photoshop 的工作界面由菜单栏、工具栏、工具属性栏、控制面板和文档窗口组成，如图 1.4 所示。

图 1.4   Photoshop 工作界面

1. 菜单栏

在 Photoshop 的菜单栏中可以直接调用所需的功能，如图 1.5 所示。菜单栏中的许多命令是多层级的，标志是选项右侧的小按钮。选择菜单中的一个命令即可执行该命令，如果命令后方有显示快捷键，通过快捷键可以快速执行该命令。例如，查看图像大小，按 Ctrl＋Alt＋I 组合键即可。菜单下拉列表中的黑色字体部分代表可用，灰色字体部分代表不可用。

文件(F)   编辑(E)   图像(I)   图层(L)   文字(Y)   选择(S)   滤镜(T)   3D(D)   视图(V)   窗口(W)   帮助(H)

图 1.5   菜单栏

2. 工具栏

工具栏默认位置为软件界面的左侧，将光标放在工具栏顶部，按住鼠标左键并拖动，可以将工具栏放在任意位置。

通过单击图标即可选择一种工具。工具图标是一类工具的集合，将光标置于工具图标上并长按鼠标左键或鼠标右键单击图标即可调出这类工具下的所有选项，如图 1.6 所示。单击工具栏左上方的 ▶▶ 图标可将一栏工具栏变为双栏，单击 ◀◀ 图标即可将双栏工具栏变为一栏。

在 Photoshop CC 2018 版本中，将鼠标放在某一种工具图标上，右侧会出现该工具的使用方法小视频，工具名称后的字母是该工具的快捷键，按 Shift 键加上工具快捷键可以按顺

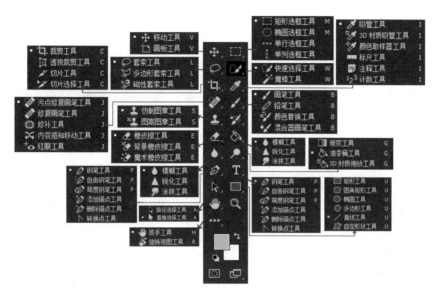

图 1.6　工具栏

序切换此工具组合内的工具。例如，按快捷键 U 可以切换到矩形形状工具，在按住 Shift 键的同时按快捷键 U，即可切换到圆角矩形工具。

3. 工具属性栏

工具属性栏主要用于设置工具参数。不同工具的属性栏不同，如文字工具 $\boxed{\text{T}}$ 的属性栏，可以设置文字的字体、字号、颜色等，如图 1.7 所示。通过属性栏的选项可以对工具进行设置。

图 1.7　工具属性栏

4. 控制面板

控制面板一般显示在 Photoshop 的右侧，默认显示的面板有"图层"面板、"通道"面板、"路径"面板、"颜色"面板等，通过选择"菜单栏"中的"窗口"，可以将隐藏的面板激活。控制面板中不常用的面板可以隐藏，单击面板的标题并拖曳，面板窗口将成为悬浮窗口，单击窗口右上方的 ⊠ 按钮即可关闭，如图 1.8 所示。

若在操作过程中发现工具箱、选项栏或某个面板不见了，可以执行"窗口"→"工作区"→"复位基本功能"命令还原回初始的工作区状态。根据个人需要，也可通过新建工作区，删除不常用的面板，显示常用面板，然后执行"窗口"→"工作区"→"新建工作区"命令（或按 N 快捷键），即可保存此工作区，关闭软件再次启动时，控制面板将为自定义的工作区。

5. 文档窗口

文档窗口是显示和编辑图像的区域。打开一个图像，窗口中将自动创建一个文档选项；若打开多个窗口，则会有多个文档选项，如图 1.9 所示。通过单击选项名可以切换文档，或者按 Ctrl+Tab 快捷键，可以按前后顺序切换文档，按 Shift+Ctrl+Tab 快捷键可以按照相反的顺序切换文档。

图 1.8　控制面板

图 1.9　当前窗口

拖曳文档窗口标题栏可以将其变成浮动窗口，拖动浮动窗口的一角，可以调整其大小，如图 1.10 所示。

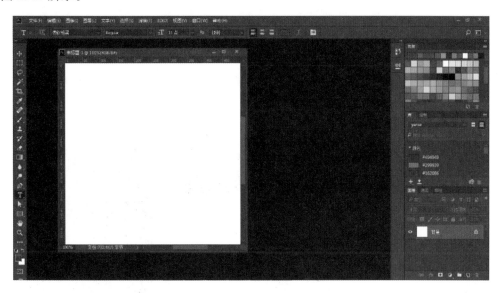

图 1.10　浮动文档窗口

Photoshop 的工作界面除了以上五大部分外，还有标尺功能。默认状态下，标尺显示在文档窗口的外围；若标尺隐藏，按 Ctrl＋R 组合快捷键即可显示，如图 1.11 所示。使用标尺可以拖出参考线，便于元素精确定位。鼠标放在标尺上按住左键拖动即可创建参考线。参考线是虚拟的线条，不影响图像内容，按 Ctrl＋; 组合键可以隐藏，再按一次则显示。选中移动工具，将鼠标放在参考线上，按住鼠标左键将参考线拖到文档窗口以外即可删除参考线。

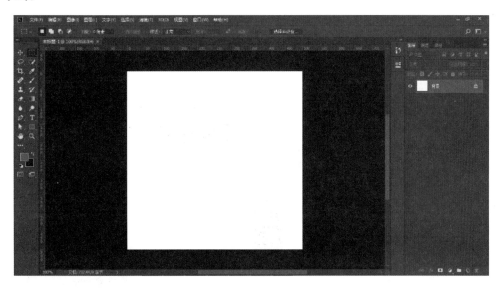

图 1.11　标尺功能

1.2.2 Photoshop 的基本操作

学习 Photoshop 的使用,需要熟悉其基本操作,包括打开/关闭图像、新建文档画布、存储/存储为图像等。

1. 打开文件

Photoshop 打开文件的方法有许多种,其中第一种方式是通过软件界面的操作打开,选择菜单栏下的"文件",单击"打开",或使用快捷键 Ctrl+O,选择需要打开的文件即可,如图 1.12 所示。

图 1.12 打开文件方法 1

第二种方式是拖曳法。打开 Photoshop 软件,最小化到桌面任务栏,在桌面或磁盘中找到需要打开的图像,按住鼠标左键将图像拖曳到桌面下方任务栏的 Photoshop 标签上停留几秒,弹出软件界面,再松开鼠标左键即可。需要注意的是,如 Photoshop 中已打开其他图像,鼠标拖曳图片弹出软件界面后,鼠标应放在工具属性栏的后方空白处松开,如图 1.13 所示。

图 1.13 打开文件方法 2

第三种打开方式类似第二种拖曳法,先在桌面或磁盘中找到需要用 Photoshop 打开的图像,然后按住鼠标左键将图片拖到 Photoshop 软件桌面图标上,图标右下方将出现"+"号,再松开鼠标即可,如图 1.14 所示。

图 1.14　打开文件方法 3

2. 关闭文件

Photoshop 中关闭文件只需单击文档窗口标题栏后的 ✖ 按钮即可,如图 1.15 所示。也可使用 Ctrl+W 组合键关闭当前文档。按 Ctrl+Alt+W 组合键是关闭所有文件。若此文件没有保存,软件系统会弹出警示框,根据需要选择保存或不保存即可。

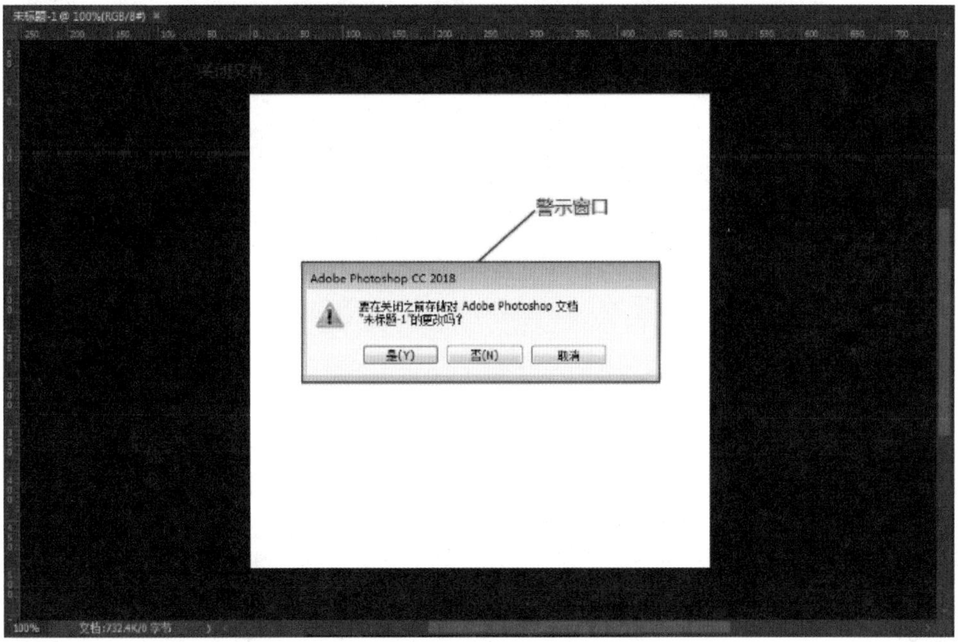

图 1.15　关闭文件

3. 新建文档画布

如果需要制作一个新的文件,需要新建一个画布,Photoshop 中的画布类似 Word 办公软件中的空白页,是图像的显示区域和载体。执行"文件"→"新建"命令即可,或按 Ctrl+N 组合键打开新建对话框。在新建对话框中可以设置文件的名称、尺寸、分辨率、颜色模式等,设置完毕后单击"创建"按钮,即可创建新的空白文件,如图 1.16 所示。

执行"图像"→"图像大小"命令,或使用 Ctrl+Alt+I 组合键,可以查看并改变图像尺寸及分辨率。若要使宽、高等比例变化,则需要在改变宽或高的数值时使左侧的 ⓘ 选中,如图 1.17 所示。

执行"图像"→"画布大小"命令,或使用 Ctrl+Alt+C 组合键,可以查看并改变画布大小,此操作不会使图像发生变化,只会使画布变化。例如,将大小为 500 像素×500 像素(像素的单位是 px)的画布修改为 1000 像素×500 像素大小,如图 1.18 所示,画布宽度变为原来的二倍,画布中的图像不发生变化。

图 1.16　新建文档画布

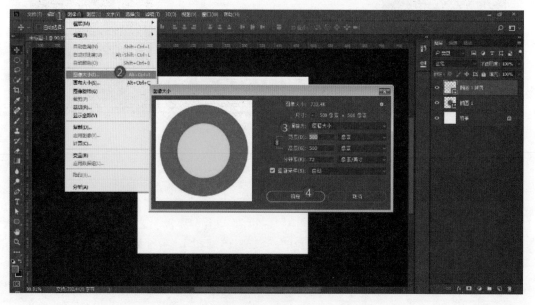

图 1.17　图像大小

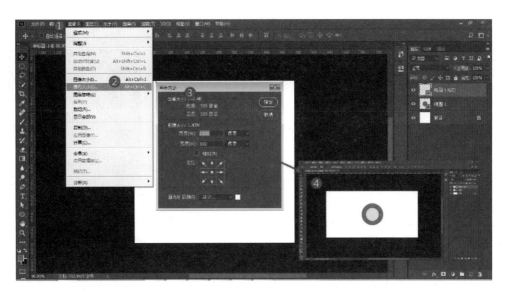

图 1.18　画布大小

新建画布设置面板的各项内容如表 1.2 所示。

表 1.2　新建画布设置面板中的各项参数

参　数	释　义
大小	单位有"像素""英寸""厘米""毫米"等,常用的为"像素"
方向	文档画布的方向分为横版和竖版
分辨率	分辨率单位默认是像素/英寸,分辨率数值越大,图像质量越好,图片也越大。根据图像运用的渠道不同,分辨率也不同。一般来说,用于计算机、手机等电子屏幕时,分辨率设置为 72 像素/英寸,用于印刷时,分辨率设置为 300 像素/英寸
颜色模式	Photoshop 中颜色模式分为"位图""灰度"、RGB、CMYK、Lab 5 种,常用的为 RGB 和 CMYK
背景内容	画布背景分为"白色""黑色""背景色",单击后方的色块,可以自定义背景内容的颜色

4. 存储与存储为

存储:执行"文件"→"存储"命令或按 Ctrl＋S 组合键,可以对文件进行存储,如图 1.19 所示。"存储"只有在文件已存在的前提下有效,可以保留对文档的修改,并且替换上一次存储的文件。"存储"操作一般是在作图过程中常用的,以免断电或软件自动退出等意外的发生。

存储为:执行"文件"→"存储为"命令或按 Shift＋ Ctrl＋S 组合键,在弹出的"存储为"对话框中可以将文件重新存储为另一个文件,不覆盖修改前的文件。"存储为"一般是在项目需要修改时执行,如图 1.20 所示。

图 1.19　存储

Photoshop 的基础操作是学习该软件的基础,打开/

图 1.20　存储为

关闭文件、新建文档画布和存储文件是使用 Photoshop 时最常见的操作，通过本案例可练习这些常用操作。

【step1】　执行"文件"→"打开"命令（或按 Ctrl＋O 组合键），在弹出的"打开"对话框中选择文件素材 1-1.jpg，如图 1.21 所示。

图 1.21　打开素材

【step2】　执行"文件"→"新建"命令（或按 Ctrl＋N 组合键）新建宽 500 像素、高 1000 像素、方向为纵向、分辨率为 72 像素/英寸的空白画布，并设置颜色模式为 RGB，画布背景颜色设置为黑色，如图 1.22 所示。

【step3】　执行"文件"→"存储为"命令（或按 Shift＋Ctrl＋S 组合键），在弹出的"另存为"对话框中选择路径为"桌面"，文件名设置为"新建画布"，在"保存类型"下拉列表中选择保存文件格式为 PSD 格式，单击"保存"按钮，如图 1.23 所示。

【step4】　执行"文件"→"关闭"命令（或按 Ctrl＋W 组合键）关闭此文件。

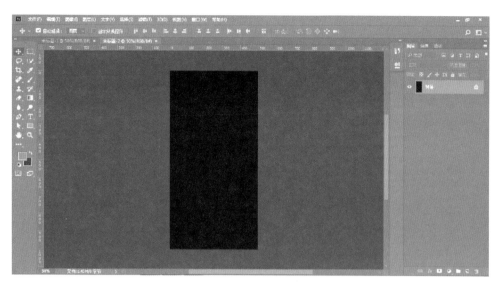

图 1.22 新建画布

图 1.23 存储为

<h1 style="text-align:center">小　　结</h1>

　　1.1 节主要介绍了图像基础知识,包括位图与矢量图、色彩模式、文件格式、分辨率和通道;1.2 节介绍了 Photoshop 的基础知识,包括其工作界面和基本操作。熟练掌握本章内容,将为后面的深入学习奠定基础。

习　题

1. 填空题

（1）图像根据其形成因素分为＿＿＿＿和＿＿＿＿。

（2）图像根据其呈现的颜色样式分为多种色彩模式，常见的为＿＿＿＿、＿＿＿＿、＿＿＿＿、＿＿＿＿和＿＿＿＿。

（3）在 Photoshop 中，源文件格式是＿＿＿＿。

（4）多媒体屏幕显示图像分辨率为＿＿＿＿，一般印刷品分辨率为＿＿＿＿。

（5）Photoshop 的工作界面由＿＿＿＿、＿＿＿＿、＿＿＿＿、＿＿＿＿和＿＿＿＿组成。

2. 选择题

（1）在 Photoshop 中，打开文件的快捷键是（　　）。

    A. Ctrl+O　　　　　B. Ctrl+W　　　　C. Ctrl+S　　　　　D. Ctrl+G

（2）在 Photoshop 中，关闭当前文件的快捷键是（　　）。

    A. Ctrl+Alt+C　　　B. Ctrl+W　　　　C. Ctrl+S　　　　　D. Ctrl+G

（3）在 Photoshop 中，新建文档画布的快捷键是（　　）。

    A. Ctrl+O　　　　　B. Ctrl+W　　　　C. Ctrl+S　　　　　D. Ctrl+N

（4）在 Photoshop 中，存储的快捷键是（　　）。

    A. Ctrl+G　　　　　B. Shift+Ctrl+S　　C. Ctrl+S　　　　　D. Ctrl+N

（5）在 Photoshop 中，查看图像大小的快捷键是（　　）。

    A. Ctrl+T　　　　　　　　　　　　　　B. Shift+Ctrl+S

    C. Ctrl+Alt+I　　　　　　　　　　　　D. Ctrl+Alt+C

3. 思考题

（1）简述位图与矢量图的区别。

（2）简述分辨率的概念。

4. 操作题

使用 Photoshop 新建一个 500 像素×500 像素、分辨率为 72 像素/英寸、背景为白色的画布。

第2章　　　　　图　　　　层

视频讲解

本章学习目标：

- 认识图层的基础知识。
- 熟练掌握图层的基本操作。
- 学习图层的高级操作。

　　图层是 Photoshop 图像处理中最核心的功能之一。图层的存在使图像里的各元素可以单独进行变形、移动、改色等操作。本章将指引读者了解图层的相关知识和操作，为后面章节的学习奠定基础。

2.1　图层基础知识

2.1.1　关于图层

　　人体是由手、脚、腿、躯干和头组成的，而通过 Photoshop 制作的图片则是由许多单独的图层组合形成的。如图 2.1 所示，左侧是在 Photoshop 中用树叶拼成的一条金鱼，右侧是其"图层"面板，从"图层"面板中可以观察到许多图层，例如名为"躯干"的图层、名为"尾巴"的

图 2.1　图层关系

图层等,由这些图层合并为一张类似金鱼的图像。在这些众多图层中,上层会覆盖下层。关于此图像的操作方法会在 2.2 节中讲述。

2.1.2 "图层"面板概述

"图层"面板用于创建、编辑、管理图层和为图层添加样式等。默认情况下,"图层"面板位于软件的右下方,若"图层"面板被隐藏,可以执行"菜单"→"窗口"→"图层"命令开启,或按 F7 快捷键。"图层"面板的各功能操作,如图 2.2 所示。

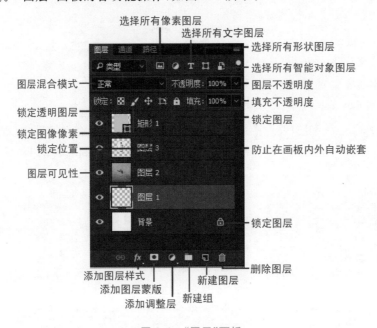

图 2.2 "图层"面板

图层混合模式:是指所选图层与下层图层产生混合的方式,例如,"正常"模式是指当前图层与下层图层不产生混合,上层图层正常显示;"正片叠底"模式是指"去白留黑",即保留当前图层较暗的部分,去掉亮色部分。

选择所有像素图层:Photoshop 中称为像素图层过滤器,是指将所有像素图层显示,其他类别的图层隐藏。其他 4 种模式也如此。

图层不透明度与填充不透明度:"图层不透明度"是指所选图层整体的不透明度设置,并且其图层样式也会受到影响;"填充不透明度"功能类似前者,其特点是图层样式不受影响。

"锁定"按钮组:单击相应的锁定按钮,使其不可编辑。

图层可见性:若要使相应图层隐藏,单击 👁 按钮即可。

添加图层样式:单击 fx 按钮,在弹出的列表中选择需要的图层样式,即可为当前图层添加图层样式。

添加图层蒙版:单击 ▣ 按钮,可以为当前图层添加蒙版,用来遮盖图层的部分内容(此内容将在后面章节详细介绍)。

添加调整层:单击 ◕ 按钮,可以调整图层的色彩平衡、色相/饱和度等,并且可以修改参数。

新建图层和新建组:单击 🗔 按钮,即可新建图层,并且图层性质为像素图层,使用

Shift＋Ctrl＋Alt＋N 组合键也可新建图层；单击  按钮即可新建组。

删除图层：单击 按钮，即可删除选定的图层。

关于图层混合模式、图层样式、图层蒙版与调整层的具体使用将会在后面章节具体讲解。

2.1.3 图层分类

在 Photoshop 中可以创建多种类型的图层，常用的图层类型有：像素图层、文字图层、形状图层、智能对象图层、剪贴蒙版图层、图层组、图层蒙版图层、变形文字图层、调整图层、背景图层等，如图 2.3 所示。不同类型图层的图标也不同，有些图层可以转换成其他类型的图层，如形状图层可以转换为像素图层。

像素图层：通过单击 按钮，或按 Shift＋Ctrl＋Alt＋S 组合键新建的图层都为像素图层，拖入的位图图像也会自动生成像素图层。

形状图层：显示状态为 ，使用"形状工具"和"钢笔工具"可以创建形状图层。选中一个形状图层，单击鼠标右键，在列表中选择"栅格化图层"，可以将形状图层转换为像素图层。

文字图层：显示状态为 ，使用"文字工具"可以创建文字图层。选择一个文字图层，单击鼠标右键，在列表中选择"栅格化图层"，可以将文字图层转换为像素图层，选择"转换为形状"，可以将文字图层转换为形状图层。

智能对象图层：显示状态为 ，其他图层转换为智能对象图层后，可以对图层进行缩放、旋转、斜切、扭曲、透视变换或使图层变形，而不会丢失原始图像数据或降低品质。选中任意图层单击鼠标右键，在列表中选择"转换为智能对象"即可。

图 2.3　图层类型

背景图层：当用户新建一个不透明图像文档时，会自动生成背景图层。默认情况下，背景图层位于"图层"面板的底层，并且为锁定状态，可以单击"解锁"按钮 解锁。

图层组：显示状态为 ，若要将两个图层进行编组，先选择一个图层，再按住 Ctrl 键，然后单击另一图层，即可同时选中这两个图层，再使用 Ctrl＋G 组合键即可。

以上图层介绍的是常用的基础图层，其余类型图层将会在后面章节中详细讲解。

> 随学随练 »

对于初学者而言，图层是一个陌生概念，但是事实上图层并不复杂。使用 Photoshop 完成一张图像，就像画家的一笔笔勾勒，用不同的图层组成一张图像，就好比用不同的画笔描绘不同的元素。通过本次案例读者将认识图层的类型。

【step1】　按 Ctrl＋O 组合键打开图 2-1.jpg，如图 2.4 所示。

图 2.4　图 2-1.jpg

【step2】　单击"创建新图层"按钮 ，创建一张空白像素图层，如图 2.5 所示。

【step3】　选择文字工具 ，然后鼠标左键在空白画布上单击，输入"千锋教育"，将字号调整为"236"，单击属性面板右侧的 按钮，"图层"面板将自动创建文字图层，颜色自定义，然后使用移动工具 将文字图层移到画布中心位置，如图 2.6 所示。

【step4】　选择矩形工具 ，然后鼠标左键在画布上长按并拖动，即可绘制矩形，"图层"面板中将自动创建形状图层，颜色自定义。选中此形状图层，按 Ctrl＋[组合键将此图层置于文字图层"千锋教育"的下方，如图 2.7 所示。

图 2.5　新建像素图层

图 2.6　文字图层

图 2.7　形状图层

【step5】 选择新建的形状图层,右击,在列表栏中选择"转换为智能对象",即可将形状图层转换为智能对象图层,如图2.8所示。

【step6】 按住Ctrl键,鼠标左键依次单击智能对象图层、文字图层,同时选中这两个图层,再单击"创建新组"按钮 ,将这两个图层编组,如图2.9所示。

图2.8 智能对象图层　　　　　　　　　　图2.9 图层组

2.2　图层基本操作

图层是Photoshop中制作图片的元素,所有操作都是基于图层而言的,因此对于图层的相关操作是图片处理的基础。本节主要学习新建与删除图层、复制图层、修改图层顺序和移动图层等内容。

2.2.1　新建图层

在Photoshop中可以使用"图层"面板创建图层,也可以在编辑过程中创建或使用快捷键创建。需要注意的是,形状工具与文字工具可以自动创建图层,而画笔类像素工具不会自动创建图层,若使用画笔类工具绘制需要单独编辑的图像,需要在绘制前新建一个空白图层。

单击"图层"面板下方的"创建新图层"按钮 ,或执行"图层"→"新建"→"图层"命令也可创建新图层,按Shift+Ctrl+Alt+N组合键可以快速创建新图层,新建图层排列在当前图层的上方,如图2.10所示。这类图层初始状态下都为像素图层,当图层为空白图层,选择矩形工具或钢笔工具画图时,该图层会转换为形状图层,初始使用文字工具时,该图层会转换为文字图层,如图2.11所示。

值得注意的是,当使用 按钮新建图层时,先按住Ctrl键,再单击 按钮,新建图层排列在当前图层的下方,如图2.12所示。

为了更加清楚地分辨图层,需要对图层进行重命名操作,鼠标左键双击图层名称即可重命名图层,如图2.13所示。若鼠标双击图层名称后方空白处,则会调出图层样式面板。(此内容将在后面章节详细叙述。)

图2.10 新建图层

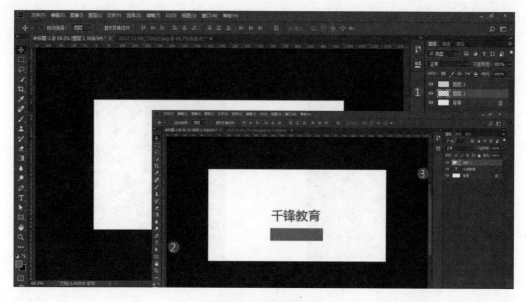

图 2.11 图层转换

图 2.12 图层顺序

图 2.13 图层重命名

2.2.2 删除图层

不需要的图层可以删除,将需要删除的图层拖到"图层"面板下方的 🗑 按钮上,松开鼠标后该图层即被删除,如图 2.14 所示。

除以上方法外,也可选中需要删除的图层,单击鼠标右键调出列表项,选择"删除图层"选项,Photoshop 会自动弹出一个提示对话框,单击 是(Y) 按钮即可,如图 2.15 所示。删除图层操作也可用 Delete 快捷键一键删除。

图 2.14 删除图层方法 1

图 2.15 删除图层方法 2

2.2.3 复制图层

在 Photoshop 中可以通过复制，得到与原图层一样的图层，这种复制包括两种含义，一种是在本文档内复制图层，得到的图层与原图层存在于一个文档中；另一种是将一个文档中的某个图层复制到另一个文档中。

在本图层内复制的方法有多种，这里介绍三种简单的方法。

方法一：在"图层"面板中选中需要复制的图层，按住鼠标左键拖到 🖸 按钮上松开即可，如图 2.16 所示。

方法二：结合移动工具 ✛ 可以快速复制选中的图层。先选中移动工具，再选中需要复制的图层，按住 Alt 键的同时，按住鼠标左键并拖动到画布的任意位置，然后松开鼠标即可。若按住 Alt 键的同时按住 Shift 键，那么会在水平或垂直方向上复制图层，如图 2.17 所示。

方法三：使用 Ctrl+J 组合键复制图层。

若需要将一个文件中的图层复制到另一文件中，先在

图 2.16 复制图层

图 2.17　复制图层

Photoshop 中打开这两个文件,选中需要复制的图层,按 Ctrl＋C 组合键进行复制,如图 2.18 所示,单击另一文件的名称窗口,将工作区切换到此文件,然后按 Ctrl＋V 组合键即可,如图 2.19 所示。

图 2.18　复制图层 1

图 2.19　粘贴图层 1 的图像

2.2.4 改变图层顺序

在 Photoshop 中图层是上层覆盖下层的关系,因此很多情况下需要改变图层的上下层级顺序,以达到预期效果,本节介绍三种调整图层顺序的方法。

方法一:选中需要调整的图层,执行"图层"→"排列"命令,在列表中选择需要的选项即可,如图 2.20 所示。

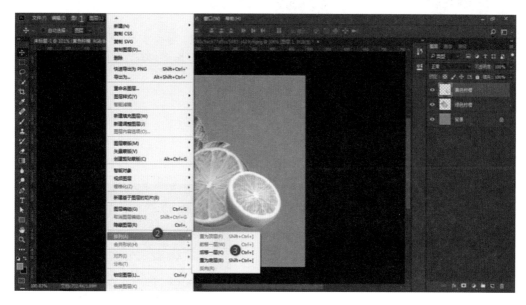

图 2.20 改变图层顺序方法一

方法二:选中需要移动的图层,将光标放在图层名称后方空白处,按住鼠标左键并拖动到指定图层下方即可,如图 2.21 所示。

方法三:通过组合快捷键调整图层顺序,按 Ctrl+]组合键将所选图层上移一层,按 Shift+Ctrl+]组合键将所选图层置顶;按 Ctrl+[组合键将所选图层下移一层,按 Shift+Ctrl+[组合键将所选图层置于底层。

2.2.5 移动图层

移动图层中的图像需要使用移动工具,单击工具栏中的 ✛ 按钮或按 V 键,即可选中移动工具。使用该工具可以移动选中图层中的图像,如图 2.22 所示。

图 2.21 改变图层顺序方法二

【随学随练》

图层的操作是在 Photoshop 中制作和修改图像的基础,本案例将详细讲解本章节开始提及的树叶拼金鱼的操作步骤,从而加深读者对图层的理解。

【step1】 按 Ctrl+O 组合键打开图 2-2.psd,如图 2.23 所示。

图 2.22　移动图层

【step2】　选中"图层 1",双击该图层的名称,改名为"尾巴"。同样地,将"图层 2"改名为"躯干",将"图层 3"改名为"鱼鳍 1",将"图层 4"改名为"鱼鳍 2",将"图层 5"改名为"眼睛1",如图 2.24 所示。

图 2.23　打开素材　　　　　　　　　　图 2.24　重命名图层

【step3】　选中"眼睛 1"图层,按住鼠标左键并拖动至  按钮,松开鼠标,得到复制的图层,并改名为"眼睛 2",如图 2.25 所示。

【step4】　选中移动工具 ,再选中"躯干"图层,将此图层移动到画布中间位置,再选中"尾巴"图层,使用移动工具将此元素移动到合适位置。同样地,将其他图层移动到合适位置即可,如图 2.26 所示。

【step5】　选中"躯干"图层,按 Ctrl+[组合键将此图层置于"尾巴"图层的下方,如图 2.27所示。

图 2.25　复制图层

图 2.26　移动图层

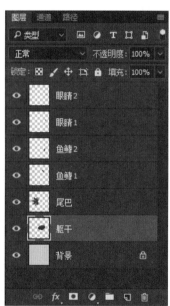

图 2.27　调整图层顺序

2.3　图层高级操作

2.2 节学习了 Photoshop 中关于图层的基本操作,本节将继续学习图层的相关知识,深入了解图层的使用。

2.3.1 图层组

通常在公司内部可以将同类性质的工作人员分为一个部门以方便管理,同样地,在 Photoshop 中可以将图层编组,从而方便查找和编辑图层。在本节中主要介绍编组、取消编组等知识点。

1. 创建图层组

创建图层组的方法有几种,这里介绍两种简单便捷的方法。

方法一:通过单击图层控制面板中的"创建新组"按钮,可以创建内容为空的图层组,如图 2.28 所示。单击图层组前的 ⟩ 按钮,可以展开图层组,使组内的内容显示;单击 ⌄ 按钮,可以将展开的图层组的内容隐藏。

方法二:通过组合键将需要编组的图层进行编组,学习此方法需要先学会多选图层,如表 2.1 所示。

图 2.28　创建新组方法一

表 2.1　选择图层

分　类	操　作　方　法
选择一个图层	在"图层"面板中单击需要选择的图层
选择多个连续图层	单击第一个图层,然后按住 Shift 键的同时单击最后一个图层
选择多个不连续图层	按住 Ctrl 键的同时鼠标左键依次单击需要选择的图层
取消某个被选择的图层	按住 Ctrl 键的同时单击需要取消选择的图层
取消所有被选择的图层	在"图层"面板下方空白处单击,或单击某一个图层

通过以上表中的操作选中需要编组的图层后,按 Ctrl+G 组合键即可编组,如图 2.29 所示。

图 2.29　创建新组方法二

2. 取消编组

要在保留组内图层的情况下取消编组,可以先选中该图层组,然后单击鼠标右键,在调出的列表中选择"取消图层编组"命令即可,如图2.30所示。也可使用 Shift＋Ctrl＋G 组合键取消编组。

图 2.30　取消编组

3. 将图层移入图层组

图层组外的图层可以移到图层组内,只需要选中需要移动到图层组的图层,按住鼠标左键并拖动到图层组松开鼠标即可,如图2.31所示。

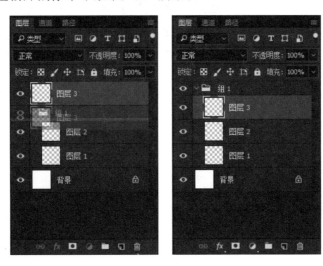

图 2.31　新增组内图层

4. 将图层移出图层组

图层组内的图层可以移出图层组,只需要选中需要移出的图层,按住鼠标左键并拖动到图层组外,松开鼠标即可,如图 2.32 所示。

图 2.32 移出图层组

《随堂随练》

建立图层组可以方便辨认图层和对图层的编辑,通过本次练习读者将熟练建立图层组、移出图层组等操作。

【step1】 按 Ctrl+O 组合键打开图 2-3.psd,如图 2.33 所示。

图 2.33 打开素材

【step2】 按住 Shift 键的同时,鼠标左键单击图层"1",再单击图层"5",即可选中这两个图层及其中间图层,然后使用 Ctrl+G 组合键,将这 5 个图层编组,如图 2.34 所示。

【step3】 选中图层"5",按住鼠标左键拖动至"组 1"上方,松开鼠标,即可将此图层移出图层组,如图 2.35 所示。

图 2.34 编组

图 2.35 移出图层组

【step4】 选中图层 5，使用 Shift＋Ctrl＋[组合键，将图层"5"置于底层，如图 2.36 所示。

图 2.36 将图层置于底层

2.3.2 对齐与分布图层

日常生活中存在许多关于"对齐"和"分布"的案例，如军训时教官要求学员前后左右对齐，要求学员离前后左右相邻同学的距离为一只手臂的长度，这就是分布。在 Photoshop 中可以对图层进行对齐与分布操作，这样能够方便快捷地调整图层之间的位置关系。

1. 对齐图层

对齐不同图层上的图像，需要同时选择需要对齐的图层，执行"图层"→"对齐"命令，选择需要的选项即可，如图 2.37 所示。

对齐图层有多种选项，包括顶边对齐、垂直居中对齐、底边对齐、左边对齐、水平居中对齐、右边对齐，如表 2.2 所示。

图 2.37 对齐图层

表 2.2 对齐图层

分 类	释 义
顶边对齐	以所有所选图层的最顶端为对齐的标准,其他图层以此标准顶部对齐
垂直居中对齐	将所有选定元素的垂直中心在水平方向上对齐
底边对齐	以所有所选图层的最底端为对齐的标准,其他图层以此标准底部对齐
左边对齐	以所有所选图层的最左边为对齐的标准,其他图层以此标准左边对齐
水平居中对齐	将所有选定元素的水平中心在垂直方向上对齐
右边对齐	以所有所选图层的最右边为对齐的标准,其他图层以此标准右边对齐

值得注意的是:当将某个选定的图层载入选区(先按住 Ctrl 键,再单击图层缩略图 ▦)后,所有对齐操作都会以此选区为标准,如图 2.38 所示,以"底边对齐"为例。

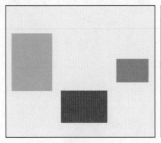
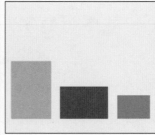
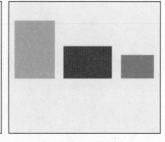

(a) 原图   (b) 未载入选区   (c) 最右侧元素载入选区

图 2.38 载入选区后底边对齐

2. 分布图层

分布不同图层上的图像,需要同时选择需要分布的图层,然后执行"图层"→"分布"命令,选择需要的选项即可,如图 2.39 所示。

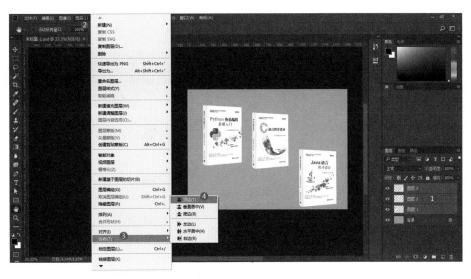

图 2.39　分布图层

分布图层有多种选项,包括顶边分布、垂直居中分布、底边分布、左边分布、水平居中分布、右边分布,如表 2.3 所示。

表 2.3　分布图层

分　类	释　义
顶边分布	可以从每个图层的顶端开始,间隔均匀地分布图层
垂直居中分布	可以从每个图层的垂直中心开始,间隔均匀地分布图层
底边分布	可以从每个图层的底端开始,间隔均匀地分布图层
左边分布	可以从每个图层的左端开始,间隔均匀地分布图层
水平居中分布	可以从每个图层的水平中心开始,间隔均匀地分布图层
右边分布	可以从每个图层的右端开始,间隔均匀地分布图层

以顶边分布为例,执行该操作后使图层元素的顶部间隔达到统一,如图 2.40 所示。

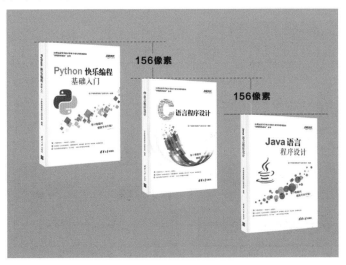

图 2.40　顶边分布

【随学随练》

对齐与分布可以方便而准确地调整图层之间的位置关系,通过本次案例练习对齐与分布的具体操作。

【step1】 按 Ctrl＋O 组合键打开图 2-4.psd,如图 2.41 所示。

【step2】 打开"图层"面板,按住 Ctrl 键的同时单击"酒瓶 1"图层、"酒瓶 2"图层,然后执行"图层"→"对齐"→"底边"命令,即可将选中的图层以底边最低的图层为基准进行底对齐操作,如图 2.42 所示。

【step3】 在"图层"面板中,按住 Shift 键的同时单击"酒杯 1"图层和"酒杯 3"图层,同时选中三个酒杯图层,然后执行"图层"→"分布"→"顶边"命令,即可将选中的图层以顶边为基准,使各元素均匀分布,如图 2.43 所示。

图 2.41　打开素材

图 2.42　底对齐

图 2.43　顶边分布

2.3.3 合并与盖印图层

在日常生活中,经常会遇到剩饭剩菜的情况,如果剩下两个半碗的米饭,那么可以将这两份米饭倒在一个碗中,再放入冰箱。同样的道理,在 Photoshop 中也可以将相同属性的图层或不需要单独调整的图层合并,既可以提高计算机的运行速度,也可以方便图层管理。

1. 合并图层

合并图层,就是将多个图层合并为一个图层,同时选中需要合并的多个图层,执行"图层"→"合并图层"命令,或使用 Ctrl+E 组合键,即可将选中的图层合并,如图 2.44 所示。合并后的图层名称变为最上层图层的名称。

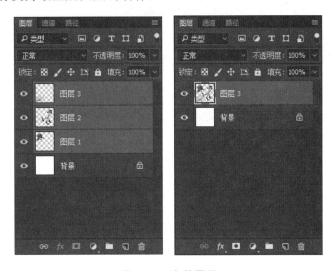

图 2.44　合并图层

向下合并图层:在"图层"面板中选中需要向下合并的图层,如"图层 3"图层,执行"图层"→"向下合并"命令,或使用 Ctrl+E 组合键,如图 2.45 所示。合并后的图层名称变为下层图层的名称。

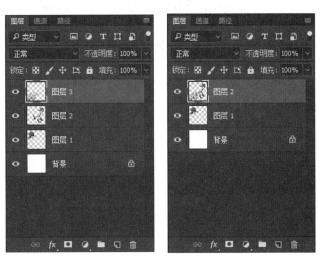

图 2.45　向下合并图层

合并可见图层：可以将所有可见图层合并为一个图层，隐藏图层除外，执行"图层"→"合并可见图层"命令即可，如图 2.46 所示。

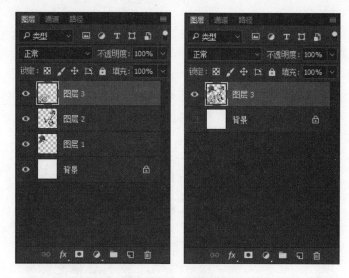

图 2.46　合并可见图层

2. 盖印图层

在我国北宋时期，毕昇发明了雕版活字印刷术，将每个字雕刻在单独分开的板上，然后根据印刷的内容排字，在排好的字上刷上墨汁，再铺上一层白纸，这样所有的字样都能印在纸上了，如图 2.47 所示。这一个个字就像一个个图层，白纸及其印上的字就像 Photoshop 中的盖印图层。

图 2.47　活字印刷

Photoshop 中的盖印可见图层操作，可以在不影响原有图层的基础上将可见图层合并，按 Shift＋Ctrl＋Alt＋E 组合键即可，如图 2.48 所示。

2.3.4　图层不透明度

俗话说"一叶障目不见泰山"，这正是因为树叶是不透明的，所以透过它眼睛看不到其背后的事物，而窗户的玻璃是透明的，透过它可以看见窗外的事物。

在 Photoshop 中也存在"不透明度"这一概念。"图层"面板中的"不透明度"和"填充"选

(a) 盖印前　　　　　　　　　　(b) 盖印后

图 2.48　盖印图层

项,都可以用来控制图层的不透明度,设置范围为 0%～100%,0%代表完全透明,100%代表不透明。因为在 Photoshop 中图层是上层覆盖下层的关系,所以当上层图层不透明度数值越小时,下层图层越清晰显现,如图 2.49 和图 2.50 所示。

图 2.49　图层 2 不透明度为 100%

图 2.50　图层 2 不透明度为 50%

设置不透明度时,可以直接在"图层"面板中的"不透明度"框中输入数值,也可以单击 ∨ 按钮,滑动控制条以调整不透明度,如图 2.51 所示。另外,直接在键盘中按数字键也可调整不透明度,如按下数字键"6",不透明度会变为 60%。

区分"不透明度"与"填充":"不透明度"对除锁定和背景图层以外的所有图层有效,对图层样式也有效,与前者不同的是,"填充"对图层样式无效,如图 2.52 和图 2.53 所示,为图层 2 添加"描边",然后分别将"不透明度"和"填充"设置为 50%,观察效果。关于图层样式的知识会在后面的章节中详细介绍。

图 2.51　设置不透明度

图 2.52　图层样式与"不透明度"

图 2.53　图层样式与"填充"

随学随练

通过改变图层的不透明度可以塑造许多图像效果,本次案例在练习图层不透明度的基础上,结合前两节中的部分内容,制作半透明的图像。

【step1】　打开图 2-5.jpg、图 2-6.psd、图 2-7.psd,如图 2.54 所示。

【step2】　显示图 2-6.psd,按住 Ctrl 键,单击"图层 1""图层 2",同时选中这两个图层,

(a) 图2-5.jpg

(b) 图2-6.psd

(c) 图2-7.psd

图 2.54　打开素材

按 Ctrl+C 组合键复制这两个图层。然后单击图 2-5.jpg 文档窗口标题栏,使其显示在当前窗口中,按 Ctrl+V 组合键将复制的两个图层粘贴在此画布中,如图 2.55 所示。

图 2.55　复制与粘贴图层

【step3】　选中图 2-5.jpg 中的"图层 1"与"图层 2",将这两个图层的不透明度都设置为50%,并使用移动工具，将这两个图层放在背景图层的中心位置,使道路中间的黄色线条穿过人体中心,如图 2.56 所示。

图 2.56　调整不透明度

【step4】 选中"图层 1",将此图层不透明度修改为 80％,如图 2.57 所示。

图 2.57 调整不透明度

【step5】 将当前窗口切换至图 2-7. psd,选中"路牌"图层,将此图层复制并粘贴到图 2-5.jpg 文件中,然后使用移动工具将此图层摆放到合适位置,即可得到预期的图像效果,如图 2.58 所示。

图 2.58 效果图

小 结

本章针对图层知识设置了三节,2.1 节介绍了图层基础知识,带领读者对图层形成概念上的认识;2.2 节阐述了图层的基本操作,包括新建图层、删除图层、复制图层、改变图层顺序和移动图层,读者通过本节学习可以熟练掌握图层基本操作;2.3 节讲解了图层的高级操作,通过本节学习读者可以掌握图层的高级操作,为后面章节中复杂的图层操作奠定基础。

习　　题

1．填空题

（1）新建图层的快捷键为_____。

（2）删除图层的快捷键为_____。

（3）复制图层的快捷键为_____。

（4）按_____组合键将所选图层上移一层，按_____组合键将所选图层置顶；按_____组合键将所选图层下移一层，按_____组合键将所选图层置于底层。

（5）_____对除锁定和背景图层以外的所有图层有效，对图层样式也有效，与前者不同的是，_____对图层样式无效。

2．选择题

（1）当使用 按钮新建图层时，先按住（　　）键，再单击 按钮，新建图层排列在当前图层的下方。

    A．Ctrl   B．Shift   C．Alt   D．Ctrl＋Alt

（2）选中移动工具，按住（　　）键的同时，按住鼠标左键并拖动图像，即可复制该图像。

    A．Ctrl   B．Alt   C．Shift   D．Shift＋Ctrl

（3）使用（　　）组合键可将选中的多个图层编组。

    A．Ctrl＋Alt＋E   B．Ctrl＋E   C．Shift＋Ctrl＋G   D．Ctrl＋G

（4）使用（　　）组合键，可以将选中的多个图层合并为一个图层。

    A．Shift＋Ctrl＋E   B．Ctrl＋E

    C．Shift＋Ctrl＋Alt＋E   D．Ctrl＋Alt＋E

（5）选中图层组，使用（　　）组合键，可以将图层组取消编组。

    A．Alt＋G   B．Ctrl＋G

    C．Shift＋Ctrl＋G   D．Ctrl＋Alt＋G

3．思考题

（1）简述对齐与分布图层的基本步骤。

（2）简述多选图层的方法。

4．操作题

打开素材图 2-1.psd，将"图层 5""图层 6""图层 7"合并，如图 2.59 所示。

图 2.59　2-1.psd

第2章

图层

第3章 图像操作

本章学习目标：

视频讲解

- 熟练使用裁剪工具。
- 认识变换与变形操作。
- 掌握撤销操作与辅助工具的使用。
- 掌握调整画布位置与显示大小的操作。

Photoshop 中的图像操作，可以使绘图操作更加便捷，本章将详细讲解裁剪工具、变形操作、撤销操作和调整画布等重点知识，全面学习图像操作的常用方法。通过本章学习，可以为后面章节中的操作奠定基础，使修图绘图操作更加快捷。

3.1 裁 剪 图 像

在日常生活中，会经常使用剪刀将纸张或布匹的多余部分裁剪掉，留下需要的部分。同样地，在 Photoshop 中，利用裁剪工具以及其他操作可以将多余的画布及图像裁切掉。本节将详细介绍裁剪图像的具体操作。

3.1.1 裁剪工具

裁剪工具是在 Photoshop 中裁切图像操作最常用的工具，利用此工具不仅可以裁切掉图像的多余部分，还可以扩大图像。

1. 裁剪工具属性栏

单击工具栏中的 ⬚ 按钮，或按 C 键，即可选中裁剪工具，此时属性栏切换为裁剪工具属性栏，如图 3.1 所示。

图 3.1 裁剪工具属性栏

约束方式：单击其后方的 ⬇ 按钮，在下拉列表中可以选择需要的约束方式，如图 3.2 所示。选中某一选项后，即可在其后的属性设置中设置相关参数，然后在画布中进行操作，裁切区域定义完成后，单击属性栏后方的 ✓ 按钮即可完成裁切，若要取消裁剪，单击 🚫 按钮即可。

约束比例：在输入框中输入参数值，画布中出现相应的裁切范围定界框，单击后方的 ✔ 按钮即可。

清除约束比例：单击 清除 按钮，即可清除约束比例输入框中的数值。

拉直：通过在图像上画一条直线来拉直图像。

视图：单击 ▦ 图标，在下拉列表中可以选择视图模式，如图 3.3 所示。一般情况下，使用默认视图即可。

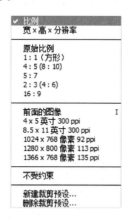
图 3.2 约束方式

图 3.3 视图

删除裁剪的像素：勾选此属性前的复选框，裁切掉的部分将被删除；若不勾选，裁切掉的部分只是被隐藏，若要还原图像，再次使用裁剪工具，单击画布，即可看到原文档。

2. 裁切图像

刚刚介绍了裁剪工具属性栏中的各种设置栏目，下面将详细讲述裁切工具的具体使用方法，在此介绍三种裁切方式。

方法一：选中裁剪工具，画布四周即可出现裁切框，如图 3.4 所示。将鼠标置于裁切框上，按住鼠标左键并拖动，即可裁剪图像。

图 3.4 裁切框

值得注意的是，裁切工具不仅可以裁切掉不需要的部分，还可以将图像扩大，如图 3.5 所示。将鼠标置于裁切框上，按住鼠标左键的同时向外拖动，即可将图像扩大，右侧图片即为扩大后的图像。透明区域即为扩大的部分，可以通过填充操作，为此透明区域填充颜色。

图 3.5   拉大图像

方法二：选中裁切工具后，将光标置于裁切框内，按住鼠标左键并拖动，即可调整被裁切的区域，如图 3.6 所示。调整完成后单击属性栏后方的 ✓ 按钮，或按 Enter 键，即可完成裁剪。

图 3.6   移动裁剪区域

方法三：选中裁剪工具后，按住鼠标左键在图像上绘制一个裁切区域，松开鼠标左键，形成的裁剪框以内区域内的图像为要保留的部分，如图 3.7 所示。裁剪框绘制完成后，将光标置于边缘上，按住鼠标左键的同时拖动，即可更改裁剪框的大小。

图 3.7   绘制裁切区域

3.1.2 "裁剪"命令

除了可以运用裁剪工具进行图像裁切外,还可以结合选区(将在第4章详细讲解),通过执行"裁剪"命令,对图像进行裁切。

选中矩形选框工具 ,将光标置于画布中,按住鼠标左键拖动,即可绘制矩形选区,然后执行"图像"→"裁剪"命令,即可将选区外的图像裁剪掉,如图3.8所示。

(a) 绘制选区 (b) 裁剪后

图3.8 "裁剪"命令

3.1.3 "裁切"命令

"裁切"命令是基于图像的颜色进行裁切的,打开一张四周带有明显留白的图像,执行"图像"→"裁切"命令,在弹出窗口中选择"左上角像素颜色"单选项,裁切顶、底、左、右4个方向的图像,单击"确定"按钮即可,如图3.9所示。

(a) 原图 (b) "裁切"对话框 (c) 裁切后

图3.9 "裁切"命令

随学随练

裁剪图像操作在图像处理中十分重要,本次案例运用裁剪工具将图像中不需要的部分裁剪掉。

【step1】 打开素材图片3-1.jpg,如图3.10所示。

【step2】 单击工具栏中的裁剪工具,或按C键,属性栏中的约束方式中选择"不受约束",在画布中绘制合适大小的裁剪框,如图3.11所示。

图3.10 打开素材

【step3】 单击属性栏后方的 ✓ 按钮,或按 Enter 键,即可完成图像裁切,如图 3.12 所示。

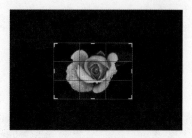

图 3.11 绘制裁剪框

图 3.12 裁切后图像

3.2 变换与变形

在 Photoshop 中提供了用于多种变形的工具,如"编辑"下拉选项中的"变换""自由变换""操控变形"等,通过这些命令,可以对图像进行缩放、旋转、斜切、扭曲、透视、变形等操作,如图 3.13 所示。本节将详细讲解这些命令的具体用法。

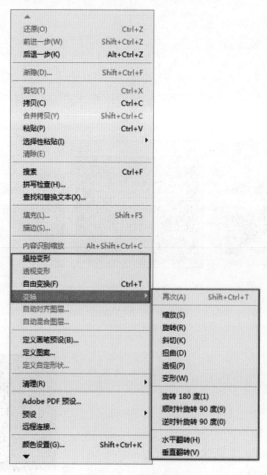

图 3.13 变形命令

3.2.1 "变换"命令

选中某一图层,执行"编辑"→"变换"命令,当鼠标置于"变换"选项中,会自动调出下级菜单,在此二级菜单中任选一项变换形式,所选图层的图像边缘将出现变换定界框,定界框中心有一中心点,四周有控制点。将光标移动到定界框上,按住鼠标左键并拖动即可对图像进行相应样式的变换,如图 3.14 所示。

图 3.14 "变换"命令定界框

值得注意的是,定界框中心点默认为中心位置,各种变换操作都是以此为中心。将光标置于中心点上,按住鼠标左键可以拖动中心点,中心点改变,变换操作的中心也改变,如图 3.15 所示。

图 3.15 移动中心点

1. 缩放

选中需要缩放的图层,执行"编辑"→"变换"→"缩放"命令,将光标置于变换定界框的任意一条边上,按住鼠标左键拖曳即可对选中图像进行缩放操作,这种操作会改变图像的长宽比例,导致图像变形,如图 3.16(a)所示。将光标置于变换定界框任意一个角上,按住鼠标左键并拖动,即可以同时缩放两个相交轴向,这种缩放操作也会导致图像变形,如图 3.16(b)所示。

在使用 Photoshop 缩放图像时,往往要求图片不发生变形。先将光标置于定界框的任意一角上,按住 Shift 键的同时按住鼠标左键拖动,即可等比例缩放图像,如图 3.17 所示。

(a)   (b)

图 3.16　缩放

(a) 原图   (b) 等比缩小

图 3.17　等比缩放

　　按住 Shift＋Alt 组合键，然后将光标置于变换定界框的任意一个角上，按住鼠标左键拖动，可以对图像进行以中心点为基准的等比例缩放。

　　若要精确缩放大小，在选中"缩放"命令后，在属性栏中输入参数即可，如图 3.18 所示。单击两个值中间的 ⊕ 按钮，然后在"百分比参数"中输入数值，即可对图像进行精确的等比例缩放操作。

调整中心点　　　　　　　　　　旋转角度

百分比参数　　　　　　　　　斜切角度

图 3.18　精确缩放

2. 旋转

　　选中需要旋转的图层，执行"编辑"→"变换"→"旋转"命令，将光标置于变换定界框以外的位置，此时光标变为 ↰ 形状。按住鼠标左键拖动，即可旋转图像，如图 3.19 所示。

　　若要精确旋转，可以在属性栏中的"旋转角度"输入框中输入具体角度值。

3. 斜切

　　选中需要斜切的图层，执行"编辑"→"变换"→"斜切"命令，将光标置于定界框上，此时光标变为 ▸: 形状，按住鼠标左键拖动即可对图像进行斜切操作，如图 3.20(a)所示。除此以外，还可将光标置于定界框的

图 3.19　旋转

定界点上,按住鼠标左键拖动,即可对图像进行斜切操作,如图 3.20(b)所示。

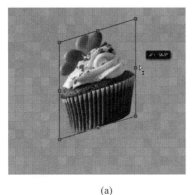 

(a)   (b)

图 3.20 斜切

值得注意的是,斜切只能在水平或垂直方向上对图像进行倾斜操作,若要在更多方向上对图像进行变换操作,可以选择"扭曲"命令。

4. 扭曲

选中需要扭曲的图层,执行"编辑"→"变换"→"斜切"命令,将光标置于定界框或定界点上,按住鼠标左键拖动即可,如图 3.21 所示。"扭曲"操作可以在任意方向上进行如图 3.22 所示。

5. 透视

透视效果是由视觉引起的近大远小的差异。选中需进行透视操作的图层,执行"编辑"→"变换"→"透视"命令,按住鼠标左键拖曳定界框上的 4 个控制点,可以在水平或垂直方向上对图像进行透视变换。

6. 变形

执行"编辑"→"变换"→"变形"命令,图像上将会出现变形网格和锚点,拖曳锚点或调整锚点的方向线即可对图像进行变形操作,如图 3.23 所示。

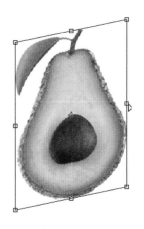

图 3.21 扭曲

图 3.22 透视

图 3.23 变形

7. 其他变换

执行"编辑"→"变换"命令,可以在右侧扩展菜单中选择"旋转 180 度""顺时针旋转 90 度"与"逆时针旋转 90 度",这种选项可以将预设好的旋转角度直接运用于图像中。

除了以上选项,还可以选择"水平翻转"和"垂直翻转"。"水平翻转"是将图像以 Y 轴为对称轴进行翻转;"垂直翻转"是将图像以 X 轴为对称轴进行翻转,如图 3.24 所示。

  (a) 原图   (b) 水平翻转   (c) 垂直翻转

图 3.24 翻转

3.2.2 "自由变换"命令

除了执行以上"变换"命令可以对图像进行变形操作外,通过"自由变换"也可以对图像进行变换。执行"编辑"→"自由变换"命令,或按 Ctrl+T 组合键,即可对图像进行变形操作。

1. 初始状态下的变换操作

在不选择任何变换方式和不按任何快捷键的情况下,将光标置于定界框的 4 条边上,按住鼠标左键拖动时,可以对图像进行缩放操作,若将光标置于 4 个控制点上,按住鼠标左键拖曳,则可以同时缩放两个相交轴向,如图 3.25 所示。

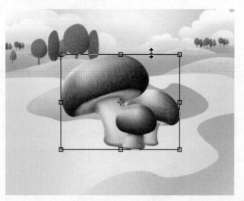

图 3.25 自由变换

将光标放在定界框外,按住鼠标左键拖曳,可以旋转图像,如图 3.26 所示。

2. 选中某一项变换操作

按 Ctrl+T 组合键调出变换定界框后,单击鼠标右键,在弹出窗口中可以选择具体的变换方式,如图 3.27 所示。此种操作与"变换"选项后的各种具体变换方式相同。

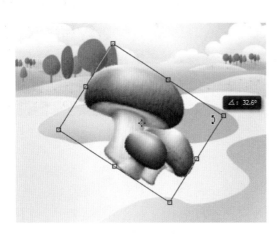

图 3.26　自由变换　　　　　　　　　图 3.27　具体选项

3. 使用快捷键进行变换操作

运用"自由变换"进行变形操作时,配合相关快捷键可以在很大程度上提高工作效率。常用的快捷键为 Shift、Ctrl、Alt 以及相应的复合搭配,如表 3.1 所示。

表 3.1　自由变换快捷键

快　捷　键	作　　　　用
按住 Shift 键	将光标置于定界框的控制点上,按住 Shift 键的同时,按住鼠标左键并拖曳鼠标,即可使图像等比例缩放变换。若将光标置于定界框外,按住 Shift 键的同时,按住鼠标左键并拖曳鼠标,即可使图像以 15°为单位旋转
按住 Ctrl 键	将光标置于定界框的控制点上,按住 Ctrl 键的同时,按住鼠标左键并拖曳鼠标,即可对图像进行扭曲变换
按住 Alt 键	将光标置于定界框的控制点上,按住 Alt 键的同时,按住鼠标左键并拖曳鼠标,可以使图像以中心点为基准进行变换
按住 Shift＋Ctrl＋Alt 组合键	将光标置于定界框的控制点上,按住 Shift＋Ctrl＋Alt 组合键的同时,按住鼠标左键拖曳鼠标,可以使图像发生透视变换

4. 使用自由变换复制图像

在 Photoshop 中可以使用自由变换复制图像,这一组图像会延续第一次变换操作的相关设置,从而实现一种特殊效果。

选中需要复制的图层,按下 Ctrl＋Alt＋T 组合键,然后执行需要的变换操作,按 Enter 键完成变换,此时"图层"面板中会自动新增一个图层,图层上的图像为变换后的图像,如图 3.28 所示。图 3.28(a)为原始图像,按 Ctrl＋Alt＋T 组合键后,按住 Alt 键将中心点移动到定界框底边的中点,将图片旋转 30°后,按 Enter 键,图像如图 3.28(b)所示。

按 Shift＋Ctrl＋Alt＋T 组合键,可以连续复制该变换操作控制下的图像,如图 3.29 所示。

(a) (b)

图 3.28　自由变换复制图像

图 3.29　连续复制

3.2.3 "操控变形"命令

使用 Photoshop 中的"操控变形"命令,可以对图像的形态进行细微调整。打开一张带有人物的图像,选中人物图层,执行"编辑"→"操控变形"命令,图像上会布满网格,如图 3.30所示。

(a) 原图　　　　　　　　　　　　　　　　(b) 变形网格

图 3.30　操控变形

单击网格的关键点,即可建立图钉。按住鼠标左键拖动图钉,可以使对应位置的图像发生变形。另外,若要使某些部位不被影响,在这些部位添加图钉,可以起到固定的作用,如图 3.31 所示。

(a) 添加图钉   (b) 变形后

图 3.31　操控变形过程

　　若要删除图钉,可先将光标置于要删除的图钉上,按 Delete 键,或单击鼠标右键并在二级菜单中选择"删除该图钉"命令即可。

随学随练 »

　　在 Photoshop 中,变换与变形是十分常见的操作,因此掌握这些方法显得尤为重要。本案例运用变换的相关命令制作精美图片。

　　【step1】　打开素材图 3-2.psd,并新建尺寸为 1000 像素×1000 像素、分辨率为 72 像素/英寸、颜色模式为 RGB、背景色为黑色的画布,如图 3.32 所示。

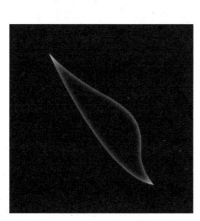 

(a) 3-2.psd   (b) 新建画布

图 3.32　打开素材与新建画布

　　【step2】　选中图 3-2.psd 文件中的"图层 1"图层,按 Ctrl＋C 组合键复制该图像,将当前窗口切换为新建的文档画布,按 Ctrl＋V 组合键将复制的图像粘贴到该画布中,如图 3.33 所示。

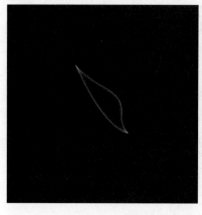

图 3.33　复制、粘贴图像

【**step3**】　选中"图层 1"，按 Ctrl＋T 组合键，将光标置于中心点上，按住鼠标左键，将中心点拖到定界框右上角，如图 3.34(a)所示。单击鼠标右键，在弹出的窗口中选择"垂直翻转"，如图 3.34(b)所示。

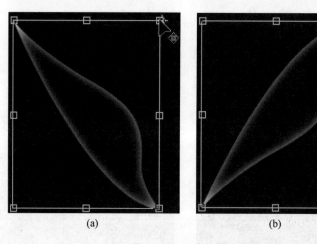

(a)　　　　　　　　　　　　　　　(b)

图 3.34　垂直翻转

【**step4**】　按 Ctrl＋Alt＋T 组合键，将中心点移动到定界框的右上角。然后将光标置于定界框外，将图像顺时针旋转大约 14°，如图 3.35 所示。

【**step5**】　将光标置于定界框左下角的控制点上，向外轻微拖动，使图像稍微拉长，如图 3.36 所示，按 Enter 键完成变换。

【**step6**】　按 Shift＋Ctrl＋Alt＋T 组合键进行复制，多次执行该项操作，直到绘制 6 个羽毛状的图像为止，如图 3.37 所示。按住 Shift 键的同时，单击"图层"面板中的"图层 1"与最顶层图层，此时选中了这 6 个图层，按 Ctrl＋E 组合键，将选中的图层合并。

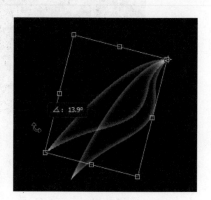

图 3.35　旋转并复制图像

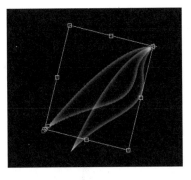

图 3.36　图像变形

图 3.37　复制图像

【step7】　鼠标左键双击合并后的图层名称,将该图层命名为"左侧翅膀"。执行"编辑"→
"变换"→"缩放"命令,将光标置于定界框的右上角控制点,按住 Shift 键的同时,按住鼠标
左键向内拖动,将该图像等比例缩小,如图 3.38 所示。

(a) 重命名

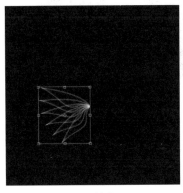

(b) 缩小

图 3.38　"变换"命令

【step8】　按 Ctrl+J 组合键复制该图层,将复制得到的图层以图像最右侧处为中心点,
旋转约 3°,然后执行"滤镜"→"模糊"→"径向模糊"命令(具体内容将在后面章节详细讲
解),参数如图 3.39(a)所示,得到的图像如图 3.39(b)所示。

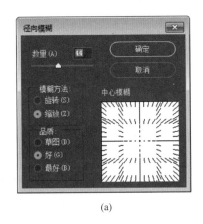

(a)

(b)

图 3.39　模糊操作

53

第 3 章

图像操作

【step9】 选中这两个图层,按 Ctrl＋G 组合键将图层编组,按 Ctrl＋J 组合键复制此图层组,按 Ctrl＋T 组合键调出定界框,单击鼠标右键,选择"水平翻转",再将复制得到的图层组水平移动到合适位置,如图 3.40 所示。

【step10】 打开合适的素材图片,可以将绘制的翅膀图案运用在素材中,如图 3.41 所示。

图 3.40 翅膀

图 3.41 效果图

3.3 撤 销 操 作

随着手机的普及与互联网的发展,人们越来越多地运用微信、QQ 等聊天软件与亲朋好友沟通,当发送的消息有误时,可以对消息进行撤销操作。同样地,在 Photoshop 中绘制图像时,也可以撤销相应的操作。本节将详细讲解撤销的相关知识。

3.3.1 还原与重做

执行"编辑"→"还原"命令,或按 Ctrl＋Z 组合键,可以撤销最近一步的操作,如图 3.42 所示。执行还原命令时,选项栏中会提示前一步的具体操作,如"还原新建文字图层"。值得注意的是,此项操作只能还原一步,不能还原多步操作。

执行"编辑"→"重做"命令,可以取消还原操作,如图 3.43 所示。值得注意的是,"重做"命令只有在上一步为还原操作的前提下才能进行。

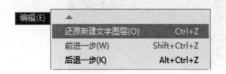

图 3.42 还原

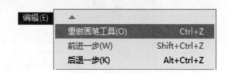

图 3.43 重做

3.3.2 多次撤销与恢复

在实际操作中,经常需要撤销前几步的操作,此时连续执行"编辑"→"后退一步"命令,或连续按 Ctrl+Alt+Z 组合键,可以撤销多步操作。连续执行"编辑"→"前进一步"命令,或连续按 Shift+Ctrl+Z 组合键,可以恢复多步被撤销的操作,如图 3.44 所示。

执行"文件"→"恢复"命令,可以直接将文件恢复到最后一次保存时的状态,或返回到刚打开文件时的状态。

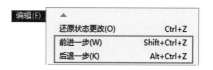

图 3.44　多次撤销

3.3.3 "历史记录"面板

执行"窗口"→"历史记录"命令,即可弹出"历史记录"面板,如图 3.45 所示,图标为 ,在默认面板状态下,"历史记录"面板的图标位于面板的左上方,单击该图标,即可调出以下面板。

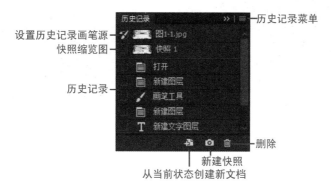

图 3.45　"历史记录"面板

在"历史记录"面板中记录了图像编辑的操作步骤(默认为 20 步),单击某一项操作记录,即可使图像回到该操作的状态,在没有进行下一步操作的情况下,可以使图像再回到此操作记录之后的任意操作步骤时的状态。关于"历史记录"面板中的各元素解释如表 3.2 所示。

表 3.2　"历史记录"面板中的各元素

元　素	作　用
设置历史记录画笔源	代表打开或新建图像的原始状态
快照缩览图	被记录为快照的步骤所在的状态
历史记录	具体的操作步骤
从当前状态新建新文档	单击此按钮,其他历史记录清空,选中的步骤为第一步
新建快照	为当前图像的状态新建一个快照,以便可以随时返回该操作时的图像状态
删除	删除选中以及其后的所有操作记录
历史记录菜单	单击此按钮,可以在二级菜单中选择具体操作

3.4 辅助工具

在 Photoshop 中，可以使用辅助工具协助绘制图像，如软件提供的标尺与参考线功能，可以准确定位，也能协助用户准确找到形状或选区的中心点。

执行"视图"→"标尺"命令，或按 Ctrl+R 组合键，可以在窗口顶部与左侧出现标尺，如图 3.46 所示。再次按 Ctrl+R 组合键可以将标尺隐藏。

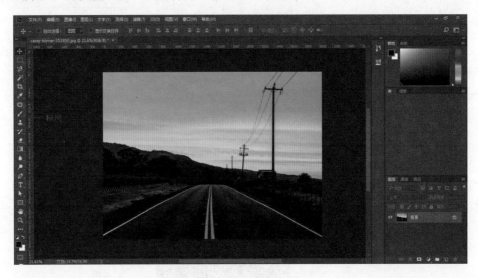

图 3.46 标尺

将光标置于标尺上，按住鼠标左键在垂直或水平方向上拖动，即可新建参考线，如图 3.47 所示。使用移动工具移动图层上的图像时，当图像接近参考线时，图像会自动吸附到参考线上。另外，新建参考线时，在鼠标拖动过程中，参考线会自动吸附中心点，有助于用户准确定位画布中心点或形状图层的中心点。

图 3.47 参考线

若要移动参考线,只须选中移动工具,然后将光标置于参考线上,按住鼠标左键拖动即可。若要删除某一条参考线,只须将该参考线拖到文档以外,松开鼠标即可。若要隐藏参考线,按 Ctrl＋H 组合键即可,再按一次,即可取消隐藏。

3.5　显示文档操作

在 Photoshop 中,文档窗口的区域是固定的。在实际绘制图像的操作中,经常需要将图像放大显示,以便更精确地进行相关操作;有时也需要缩小显示,以便观察整个图像效果。本节将详细讲解如何放大和缩小文档的显示区域以及调整文档画布的位置。

3.5.1　缩放文档显示大小

使用缩放工具可以调整文档的显示大小,在工具栏底部选中缩放工具,或按 Z 键,在属性栏中选择放大选项或缩小选项,将光标置于画布中,单击鼠标左键,即可放大或缩小文档画布,如图 3.48 所示。

图 3.48　缩放文档显示大小

值得注意的是,使用缩放工具只是改变文档的显示大小,并不会改变文档画布的真实尺寸。在不勾选属性栏中的“细微缩放”情况下,将光标置于画布中,按住鼠标左键拖动,可以放大框选部分的显示区域,如图 3.49 所示。

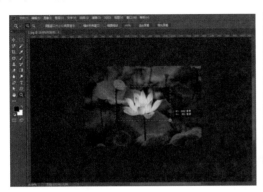

图 3.49　局部放大

除了可以使用缩放工具调整文档显示大小以外，还可以使用快捷键完成缩放操作。按 Ctrl＋＋组合键可以放大图像显示，按 Ctrl＋－组合键可以缩小图像显示。也可以先按住 Alt 键，然后滑动鼠标滚轮，来调整图像的显示大小。

3.5.2 抓手工具

在 Photoshop 中，画布并不是固定在文档窗口中的，使用抓手工具 ![手] （快捷键为 H）可以调整画布在文档窗口中的位置。在工具栏中选中抓手工具 ![手]，将鼠标置于文档画布中，按住鼠标左键拖动，即可移动画布位置，如图 3.50 所示。

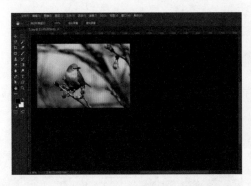

图 3.50　抓手工具

在使用其他工具进行图像编辑时，按住 Space 键可以切换到抓手状态，此时再按住鼠标左键拖动，也可移动文档中的画布。

小　结

本章围绕"图像操作"阐述具体的操作方法与步骤，既介绍了多种操作工具，如裁剪工具、缩放工具、抓手工具等，又讲解了各种操作命令，如"裁剪"命令、"裁切"命令、"变换"命令、"自由变换"命令等。本章内容在操作上十分简单，但是在图像处理过程中需要频繁使用这些工具和操作命令，因此需要读者熟练掌握本章介绍的知识点和快捷键。

习　题

1. 填空题

(1) 裁剪工具的快捷键为_____，按_____快捷键可以完成裁剪。

(2) 自由变换的快捷键为_____。

(3) 使用自由变换复制图像的快捷键为_____，连续复制的快捷键为_____。

(4) 还原上一步的快捷键为_____。按_____组合键，可以撤销多步操作。

(5) 在默认情况下，"历史记录"面板中记录最多步数为_____步。

2. 选择题

(1) 在 Photoshop 中，缩放工具的快捷键是(　　)。

　　A. Z　　　　　　　　B. C　　　　　　　　C. M　　　　　　　　D. I

（2）在 Photoshop 中，抓手工具的快捷键是（　　）。

　　A. B　　　　　　　　B. E　　　　　　　　C. P　　　　　　　　D. H

（3）自由变换中，按住（　　）键，可以对图像进行等比例缩放。

　　A. Alt　　　　　　　B. Ctrl　　　　　　　C. Shift　　　　　　D. Space

（4）按（　　）组合键，可以放大显示；按（　　）组合键，可以缩小显示。

　　A. Alt＋＋　　　　　B. Ctrl＋＋　　　　　C. Ctrl＋－　　　　D. Space＋＋

（5）按住（　　）快捷键，可以切换到抓手状态。

　　A. Alt　　　　　　　B. Ctrl　　　　　　　C. Shift　　　　　　D. Space

3．思考题

（1）使用"变换"命令可以进行哪些操作？

（2）简述显示文档的常用操作。

4．操作题

打开素材图 3-1.jpg，运用裁剪工具，将图像中左侧多余部分裁剪掉，如图 3.51 所示。

图 3.51　素材图

第4章 选 区

本章学习目标:

- 认识选区的基本功能。
- 熟练掌握基本选区工具的基本操作。
- 学习高级选区工具的操作。
- 熟练掌握选区的基本操作。

选区是 Photoshop 图像处理中的核心功能之一。通过各种选区工具为图像添加选区,可以改变图像的局部,而使未在选区中的图像不受影响,同时也可以运用选区进行抠图。本章将指引读者了解选区的相关知识和操作,熟悉抠图的多种方法,为后面章节的学习奠定基础。

4.1 认识选区

4.1.1 选区的基本功能

使用 Photoshop 处理图像时,选区是十分重要的一项功能,若将一图像载入选区,则在该图像边界会出现黑色的蚂蚁线。利用选区不仅可以单独修改选区内的图像,同时可以保证选区外的内容不受影响,还可以将需要的元素从复杂的图像中分离出来。另外,将一个图层载入选区,与其他图层进行对齐与分布操作时,将以载入选区的图层为参照标准。

1. 限制作用区域

在使用 Photoshop 制作或修改图像时,往往需要对图像的某一部分进行编辑和修改,这时就应该先将需要修改的部分用选区框选,然后才能在不改变其他图像的前提下修改选区内的内容,如图 4.1 所示,选区内的图像颜色被修改,而选区外的图像颜色不变。

图 4.1　选区的作用

2. 抠图

抠图作为 Photoshop 中的常见操作，都是在选区工具的配合下完成的。不管使用何种方法抠图，都必须先将需要抠取部分的图像载入选区，然后按 Ctrl＋J 组合键将选区内的图像抠取出来，如图 4.2 所示。图 4.2(a)是将需要抠取的图像载入选区，图 4.2(b)是抠取得到的元素，灰白相间的格子背景在 Photoshop 中代表透明的底。

(a)   (b)

图 4.2　抠图

3. 选中优先级

选区除了以上两种常用用法外，还可以用来选中优先级，此功能配合"对齐与分布"操作。若将某一图层中的元素载入选区，那么"对齐与分布"都将以此选区为标准。（详细说明见第 2.3 节。）

4.1.2　选区分类

根据载入选区所使用的工具类型的不同，可将选区分为栅格数据选区和矢量数据选区。这两种选区在功能上没有区别。

1. 栅格数据选区

使用选框工具 ▫、套索工具 ◌、快速选择工具 ◜ 和 Ctrl＋A 全选组合键，得到的选区为栅格数据选区，如图 4.3 所示。取消选区的组合键为 Ctrl＋D。

图 4.3　栅格数据选区

2. 矢量数据选区

使用钢笔工具 ◿ 或形状工具 ▭，并在属性栏中选中"路径"，然后沿着需要抠取图像的边缘建立闭合路径，按下 Ctrl＋Enter 组合键，即可将路径转换为选区，如图 4.4 所示，具体操作将在后面章节详细叙述。

图 4.4　矢量数据选区

4.2　选　区　工　具

Photoshop 提供了大量的选区工具,如选框工具、套索工具、快速选择工具、魔棒工具等,它们各有特点,针对不同特征的图像,可以选择最适用的选区工具。本节将详细讲解各种选择工具的特点和用法。

4.2.1　选框工具

图 4.5　选框工具分类

选框工具▣▣包括矩形选框工具、椭圆选框工具、单行选框工具和单列选框工具,如图 4.5 所示,快捷键为 M,按 Shift＋M 组合键可以快速切换矩形选框工具与椭圆选框工具。

选中选框工具后,可以根据需要在属性栏中设置相关属性,如图 4.6 所示。

图 4.6　选框工具属性栏

选区运算按钮▣▣▣▣:单击"新选区"按钮▣,可以创建一个新选区;单击"添加到选区"按钮▣,可以在原有选区的基础上添加新创建的选区;单击"从选区中减去"按钮▣,可以在原有选区的基础上减去当前绘制的选区;单击"与选区交叉"按钮▣,可以保留选区之间的重合区域,去除不重合区域,此内容将会在 4.3 节中详细讲述。

羽化:关于羽化的知识,将在 4.3 节详细详解。

消除锯齿:通过插值方法添加像素,创建较平滑边缘选区。默认为选中状态,保留默认即可。

样式:样式选项包括"正常""固定比例""固定大小",如图 4.7 所示。

正常:通过鼠标拖曳绘制任意大小、比例的选区。

固定比例:选中固定比例,在其后方的宽度与高度输入框中设置宽高比例,绘制的选区宽高比例是固定的。

图 4.7　样式分类

固定大小：选中此选项，并在其后方的宽度与高度输入框中设置宽高数值，可以绘制固定大小的选区。

先选中选框工具，然后按住鼠标左键在画布中拖动，即可创建一个选区，如图 4.8 所示。选框工具一般适用于选取外形为矩形、椭圆或圆形这类规则的元素。

图 4.8　选框工具

在使用矩形选框工具时，若在鼠标拖动的同时按住 Shift 键，可以创建一个正方形选区；若在鼠标拖动的同时按住 Alt 键，可以创建一个以单击点为中心的矩形选区；若在鼠标拖动的同时按住 Shift＋Alt 组合键，可以创建一个以单击点为中心的正方形选区。同样地，椭圆选框工具也如此。

单列与单行选框工具：绘制长或宽为 1 像素的选区，如图 4.9 所示。

图 4.9　单列选框工具

随学随练》

选框工具是选区工具的重要组成部分，由于此工具绘制的选区为相对固定的形状，因此适用于选取矩形、椭圆或圆形的图像。通过本次案例将练习选框工具的基础操作。

【step1】　打开素材图 4-1.jpg，如图 4.10 所示。

【step2】　选中椭圆选框工具 ，按住 Shift＋Alt 组合键的同时，按住鼠标左键并拖动，即可绘制正圆选区，当圆形选区大小大致为罗盘大小时松开鼠标，如图 4.11 所示。

图 4.10　打开素材

图 4.11　绘制选区

【step3】　观察发现,图 4.11 中的圆形选区大于罗盘图像区域,因此需要将选区等比例缩小。单击鼠标右键,在列表中选择"变换选区",调出选区定界框,按住 Shift＋Alt 组合键,将光标放在定界框的一个角上,然后按住鼠标左键拖曳即可,如图 4.12 所示。

【step4】　将光标放在蚂蚁线内,按上、下、左、右键精确移动选区位置,直到选区与罗盘边界重合即可,然后按 Ctrl＋J 组合键,将选区内的罗盘抠取出来,如图 4.13 所示。

图 4.12　变换选区

图 4.13　抠取图片

4.2.2　套索选择工具

套索选择工具包括套索工具、多边形套索工具和磁性套索工具,如图 4.14 所示,快捷键为 L,按 Shift＋L 组合键,可以切换这三种选区工具。

图 4.14　套索工具分类

套索工具的属性栏与选框工具的类似,重合的部分将不再赘述,如图 4.15 所示。

图 4.15　套索工具属性栏

1. 套索工具

套索工具与选框工具不同的是,选框工具预先设定选区形状,而套索工具不受形状的约束,可以根据需要自由绘制,常用于选取边缘精确度不高的素材文件。先选中套索工具 ，然后将光标放在画布中,接着按住鼠标左键并移动,松开鼠标即可创建闭合路径,如图 4.16 所示。

2. 多边形套索工具

多边形套索工具与套索工具类似,先选中多边形套索工具 ，在画面中单击以建立起点,拖动光标并在需要转折的位置单击,最后需要将光标定位到起点位置,此时光标右下方有白色圆圈,单击以完成闭合选区的绘制,如图 4.17 所示。值得注意的是,如果在绘制选区过程中需要删除前一步的操作,按 Delete 键即可,若想终止选区的绘制,双击使已绘制的区域闭合,然后按 Ctrl+D 组合键即可。

图 4.16　套索工具

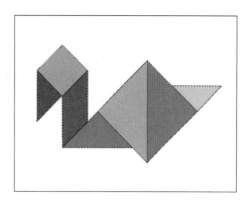

图 4.17　多边形套索工具

3. 磁性套索工具

磁性套索工具是一种基于颜色创建选区的工具,适用于主体物与背景颜色对比强烈的图像,如图 4.18 所示。

图 4.18　磁性套索工具

运用此工具创建选区时,先选中磁性套索工具 ，将光标定位到要绘制选区的起点处并单击,然后沿着目标图像的边缘拖动鼠标,磁性套索工具会自动辨识并创建锚点和路径,当光标回到起始点并单击闭合，即可创建选区。值得注意的是，若锚点建立错误，按 Delete 键的同时使光标往回移动，即可删除错误锚点和路径；若想终止绘制选区，双击使已绘制的区域闭合，然后按 Ctrl＋D 组合键即可。

随学随练》

套索选框工具分为套索工具、多边形套索工具和磁性套索工具，每一种工具都有适用的情况，选择最合适的工具能提高绘制选区的效率，本案例综合这三种套索工具，读者可以通过实际操作进行分辨，最终效果如图 4.19 所示。

图 4.19 效果图

【step1】 打开素材图 4-2.jpg、4-3.psd、4-4.jpg 和 4-5.jpg，如图 4.20 所示。

(a) 图4-2.jpg   (b) 图4-3.psd

(c) 图4-4.jpg   (d) 图4-5.jpg

图 4.20 打开素材

【step2】 将图 4-3.psd 切换为当前窗口，观察到这幅图像由背景图层与"风车"图层组成，"风车"图层为 png 格式的透底图，因此该图层没有背景。选中套索工具，然后选中"风车"图层，按住鼠标左键在画布上绘制选区，将左侧的风车框选，如图 4.21 所示。

图 4.21　套索工具

【step3】　按 Ctrl＋J 组合键将选区内的图像抠取出来,然后按 Ctrl＋C 组合键复制图像,切换当前窗口为图 4-2.jpg,按 Ctrl＋V 组合键将"风车"元素粘贴到当前文件中,使用移动工具将此图像移动到合适位置,如图 4.22 所示。

【step4】　将当前窗口切换为图 4-4.jpg,选中磁性套索工具,在"鹰"的边缘单击建立起始点,然后光标沿着其边界移动,在缺少锚点时单击手动建立锚点,直到光标回到起始点,单击建立闭合选区,如图 4.23 所示。

图 4.22　复制、粘贴"风车"图层

图 4.23　磁性套索工具

【step5】　重复 step3 的操作,将"鹰"粘贴到图 4-2.jpg 中,调整图像位置,如图 4.24 所示。

【step6】　将当前窗口切换至图 4-5.jpg,选中多边形套索工具,单击别墅边缘建立起始点,然后在转折处单击建立转折点,直到光标回到起始点,再次单击即可建立选区,如图 4.25 所示。

【step7】　重复 step3 的操作,将"别墅"复制粘贴到图 4-2.jpg 中,并调整该图像位置,如图 4.26 所示。

图 4.24　复制、粘贴"鹰"

图 4.25　多边形套索工具

图 4.26　复制、粘贴"别墅"

4.2.3　快速选择工具和魔棒工具

快速选择工具与魔棒工具都是基于色调和颜色差异来创建选区的,在图像满足二者适用要求的情况下,使用这两种工具可以快速地绘制选区,快捷键为 W,按住 Shift+W 组合键可以切换这两种工具,如图 4.27 所示。

1. 快速选择工具

快速选择工具适用于目标图像与背景颜色差异明显的情况,先选中快速选择工具█,然后按住鼠标左键在需要建立选区的图像上拖曳,选区会跟随光标并向外扩展,自动识别该图像的边缘,如图 4.28 所示。

根据需要,可以设置快速选择工具的相关属性,如图 4.29 所示。

选区运算按钮█ █ █:单击"新选区"按钮█,可以创建一个新选区;单击"添加到选区"按钮█,可以在原有选区的基础上添加新创建的选区;单击"从选区中减去"按钮█,可以在原有选区的基础上减去当前绘制的选区,此内容将会在 4.3 节中详细讲述。

图 4.28 快速选择工具

图 4.27 快速选择工具和魔棒工具

图 4.29 属性

"画笔"选择器 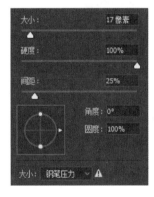：单击该按钮，可以在弹出框中设置画笔的大小、硬度和间距等，如图 4.30 所示。一般地，改变画笔大小较常见，使用快捷键[和]分别用于缩小和扩大画笔，其他属性使用默认值即可。

对所有图层取样：若选中该复选框，Photoshop 会根据所有图层建立选取范围，而不仅是针对当前图层。

自动增强：选中该复选框，可以降低选取范围边界的粗糙度。

2. 魔棒工具

使用魔棒工具在图像中单击，即可选取颜色差别在容差范围内的区域。适用于颜色单一、与背景颜色差异大的图像，使用魔棒工具可以快速地将目标元素选取出来，如图 4.31 所示。

图 4.30 "画笔"选择器

图 4.31 魔棒工具

魔棒工具创建选区十分方便快捷,根据需要,可以设置魔棒工具的相关属性,如图 4.32 所示。

图 4.32　属性栏

选区运算按钮 ■ ■ ■ ■：前三种选项与快速选择工具中的选区运算按钮一样,第四种运算为"与选区交叉" ■,可以保留选区之间的重合区域,去除不重合区域,此内容在 4.3 节中将会详细讲述。

取样大小:用来设置魔棒工具的取样范围,使用默认的"取样点"即可。

容差:决定所选像素之间的相似性,取值范围为 0～255。数值越小,对像素的相似度要求越高,选区范围越小;数值越大,对像素的相似度要求越低,选区范围越大,如图 4.33 所示。图 4.33(a)中容差值为 40,图 4.33(b)中容差值为 100。

(a)　　　　　　　　　　　　(b)

图 4.33　容差

消除锯齿:通过插值方法添加像素,创建较平滑边缘选区。默认为选中状态,保留默认即可。

连续:选中时,只选择在容差范围里的临近区域;不选中时,将选择整个图像中颜色差值在容差范围内的区域,如图 4.34 所示,图 4.34(a)代表选中"连续"选项,只选取与取样点相似的临近区域,图 4.34(b)代表不选中"连续"选项,选取整个图像中与取样点相似的区域。

(a)　　　　　　　　　　　　(b)

图 4.34　连续

快速选择工具和魔棒工具可以快速建立选区,二者都是在判定图像色彩的基础上进行智能框选。通过本次练习制作雪中天坛,可以加深读者对这两种工具的理解,指导读者在观察图像特征的基础上,选择合适的选区工具。

【step1】 打开素材图 4-6.jpg、图 4-7.jpg、图 4-8.jpg,如图 4.35 所示。

(a) 图4-6.jpg

(b) 图4-7.jpg

(c) 图4-8.jpg

图 4.35 打开素材

【step2】 按 Ctrl＋N 组合键新建文档画布,名称设置为"选区运用",宽设置为 1000 像素,高设置为 730 像素,分辨率设置为 96 像素/英寸,"背景内容"一项中,单击后面的圆角矩形框,在弹出的拾色器中输入色值"a3a5a4",单击"创建"按钮,如图 4.36 所示。

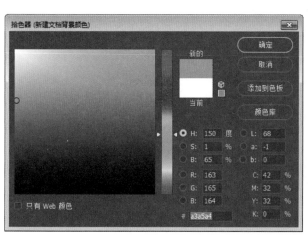
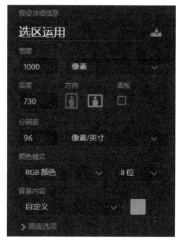

图 4.36 新建文档

【step3】 将当前窗口切换至图 4-6.jpg。选中快速选择工具,或按 W 键,在属性栏中将选区运算设置为"新选区" 或"添加到新选区" ,"画笔大小" 设置为 24,然后将光标置于"天坛"顶部,按住鼠标左键并沿着"天坛"轮廓拖曳,直到选区选中"天坛"所有部位。按 Ctrl＋J 组合键,将"天坛"抠取出来,如图 4.37 所示。

【step4】 选中抠取出的"天坛"图层,按 Ctrl＋C 组合键进行复制,然后将新建的"选区运用"文档切换为当前窗口,按 Ctrl＋V 组合键粘贴此图层,如图 4.38 所示。

【step5】 "天坛"图像没有完全显示在画布中,需要将此图像缩小。按 Ctrl＋T 组合键调出自由变换定界框,按 Alt 键＋滚轮缩小画布显示大小,直到定界框完全显示,再次按

图 4.37　快速选择工具抠图

图 4.38　复制、粘贴"天坛"图像

Ctrl＋T 组合键,将光标置于定界框的任意一个角,按住 Shift＋Alt 组合键的同时,鼠标向内拖曳,使图像以中心点等比例缩小,直到图像底部与画布大小大致相同。配合移动工具,将"天坛"图像移动到画布居中位置,如图 4.39 所示。

图 4.39　调整"天坛"图像

【step6】　将图 4-7.jpg 切换到当前窗口,选中魔棒工具,在属性栏中选中新选区 ，容差值设为 56,选中"消除锯齿"选项,不选中"连续"选项,然后单击白色小点,创建选区,按 Ctrl＋J 组合键抠取图像,如图 4.40 所示。

图 4.40 魔棒工具抠图

【step7】 将上一步抠取的图像复制粘贴到"选区运用"文档中,然后使用自由变换工具(步骤如 step5)适当缩小此图像,使定界框宽度大致为画布的一半,然后单击属性栏后方的 ✔ 按钮即可,如图 4.41 所示。

图 4.41 缩小图像

【step8】 按 Ctrl+J 组合键复制"图层 2",双击"图层 2 拷贝"图层,改名为"图层 3",使用移动工具将此图像移动到画布左边合适位置。同时选中"图层 2"和"图层 3",再选中移动工具,按住 Shift+Alt 组合键的同时,按住鼠标左键向下拖曳,得到复制的"图层 2 拷贝"和"图层 3 拷贝",如图 4.42 所示。

图 4.42 复制图层

【**step9**】 选中前 4 个图层并按 Ctrl＋E 组合键合并，执行"滤镜"→"模糊"→"动感模糊"命令，角度设为－54，距离设为 6 像素，如图 4.43 所示。

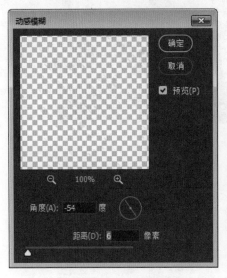

图 4.43　动感模糊

【**step10**】 与抠取图 4-7.jpg 中的白色小点一样，抠取图 4-8.jpg 中的白色小点，容差值不变。将抠取的图像复制粘贴到"选区运用"文档，复制此图像并调整好位置。合并这些图层并执行"动感模糊"，效果图如图 4.44 所示。

图 4.44　效果图

4.3　操 作 选 区

4.2 节学习了 Photoshop 中选区工具的使用，本节将继续学习关于选区的操作，这些操作可以在使用选区工具绘制选区的基础上，使选区更符合使用者的期望。

4.3.1　选区的基本操作

使用选区工具绘制好闭合选区后，可以对选区进行再操作，例如，取消选区、移动、变换、反选、选区布尔运算等。本节将详细讲解关于选区的基本操作,读者可以在掌握本节内容后灵活操作选区。

1. 取消选区与重新选择

执行"选择"→"取消选择"命令或按 Ctrl＋D 组合键可以取消选区,蚂蚁线消失;执行"选择"→"重新选择"命令,可以将取消的选区恢复。

2. 载入选区

若要将某个图层载入选区,按住 Ctrl 键的同时,单击图层缩览图即可,如图 4.45 所示。

图 4.45　载入选区

3. 全选

执行"选择"→"全部"命令或按 Ctrl＋A 组合键可以全选,选区的边界为画布的边界。值得注意的是,这里的全选并不是选中所有图层中的图像,而是选中所选图层的所有图像。此操作常用在将图层中的元素以画布为标准的中心对齐操作上,如图 4.46 所示。

图 4.46　全选

4. 反选

当需要抠取的图像颜色或边界较为复杂而背景颜色单一时,可以先将背景部分用选区工具选中,然后执行"选择"→"反向选择"命令或按 Shift＋Ctrl＋I 组合键,即可将需要抠取的部分选中,如图 4.47 所示。若要将公路以外的图像载入选区,可以先将公路选中,然后执行反选操作。

图 4.47　反选

5. 移动选区

使用选框工具绘制选区时,在松开鼠标前,可以按住空格键拖曳鼠标移动选区。

选区绘制完成后,也可移动该选区,如图 4.48 所示。值得注意的是,移动选区需要将鼠标光标置于蚂蚁线框内,然后按住鼠标左键拖动即可,也可使用键盘中的上、下、左、右键以 1 像素的距离精确移动。

图 4.48　移动选区

6. 变换选区

绘制完成一个闭合选区,通常情况下需要进行再次调整,才能完全契合所要选择的图像。在 Photoshop 中提供了"变换选区"功能,此功能类似在第 2 章中讲述的"自由变换"。先绘制一个选区,然后单击鼠标右键,在弹出的列表菜单中选择"变换选区"选项,调出定界框,根据需求拖曳定界框上的控制点,按 Enter 键或单击属性栏后方的 ☑ 按钮即可,如图 4.49 所示。

值得注意的是,在缩放选区时,按住 Shift 键可以等比例缩放选区,按住 Shift＋Alt 组合键可以以中心点等比例缩放选区。

7. 羽化

羽化原理是令选区内外衔接的部分虚化,起到渐变的作用,从而达到自然衔接的效果。绘制的羽化选区与无羽化的选区在表面上没有明显区别,当在抠取图像时才会有明显差异,如图 4.50 所示。图 4.50(a)为选区无羽化时抠取的图像,图 4.50(b)为选区羽化时抠取的图像。

图 4.49　变换选区

(a) 无羽化

(b) 羽化

图 4.50　羽化效果

选区的羽化可以在绘制选区前在工具属性栏中设置羽化值,也可以在选区绘制完成后,单击鼠标右键,在列表项中选择"羽化",然后输入羽化值,也可按 Shift＋F6 组合键快速调出羽化弹框。

8. 编辑选区的形态

选区绘制完成后,可以对选区进行调整,执行"选择"→"修改"命令,在二级菜单中可以选择需要的选项,如图 4.51 所示。羽化已在上文中详细介绍过,这里不再赘述。

边界:此命令可以将选的边界向外扩展,扩展后的选区边界与原来的选区形成新的选区,如图 4.52 所示。宽度设置越大,新选区的范围越大。

平滑:此命令可以将选区边缘进行平滑处理,如图 4.53所示。

边界(B)...
平滑(S)...
扩展(E)...
收缩(C)...
羽化(F)...　　Shift+F6

图 4.51　编辑选区的形态

(a) 设置前　　　　　　　　　　　　(b) 设置后

图 4.52　边界

(a) 设置前　　　　　　　　　　　　(b) 设置后

图 4.53　平滑

扩展：此命令可以使选区向外扩展，如图 4.54 所示。与"扩展"相反，"收缩"命令可以使选区向内收缩。

(a) 设置前　　　　　　　　　　　　(b) 设置后

图 4.54　扩展

9. 选区的布尔运算

在数学中，可以对数字进行加减乘除的运算。同样地，在 Photoshop 中，也可以对选区进行相加、相减、相交的运算，称为布尔运算，如图 4.55 所示。

布尔运算可以通过"选框工具""套索工具"与"魔棒工具"的属性栏进行设置，如图 4.56 所示。

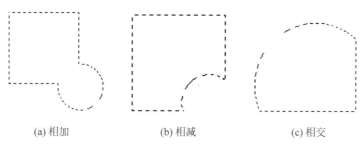

| (a) 相加 | (b) 相减 | (c) 相交 |

图 4.55　布尔运算

　　"新选区"按钮：选中选区工具，然后在属性栏中单击此按钮，可以在画布中绘制新选区，若画布中已存在选区，则之前的选区将被删除。

图 4.56　选区工具属性栏

　　"添加到选区"按钮：单击此按钮，可以将当前的选区添加到原来选区中（按住 Shift 键再在画布上绘制也可以实现同样的效果）。若两个选区相交，则得到的选区为二者相加；若两个选区中一个包含另一个，则被包含的选区无效，如图 4.57 所示。若之前没有选区，那么会建立新选区。

图 4.57　添加到选区

　　"从选区中减去"按钮：单击此按钮，可以将当前的选区从原来选区中减去（按住 Alt 键再在画布上绘制也可以实现同样的效果）。若两个选区相交或原来的选区包含当前选区，则得到的选区为原来的选区减去当前的选区；若两个选区相离或当前选区包含原来选区，则无法建立选区，如图 4.58 所示。

　　"与选区交叉"按钮：单击此按钮，新建选区只保留与原选区相交叉的部分（按住 Shift＋Alt 组合键再在画布上绘制也可以实现同样的效果）。若两个选区相交或两个选区为包含关系，则得到的选区为原来的选区与当前的选区的重合部分；若两个选区相离，则无法建立选区，如图 4.59 所示。

图 4.58　从选区中减去

图 4.59　与选区相交

4.3.2　图像的基本操作

4.3.1 节详细阐述了选区的基本操作,本节将详细讲解关于选区中的图像的基本操作,包括复制、删除、移动选区中的图像。

1. 复制、粘贴选区中的图像

使用选区工具抠图时,可以将需要抠取的图像选中后,按 Ctrl＋J 组合键复制选中的图像,并自动建立一个图层,即抠图操作。除此以外,使用 Ctrl＋C 组合键复制选区内图像,然后按 Ctrl＋V 组合键粘贴复制的图像,也能达到前者操作的效果,如图 4.60 所示。

2. 移动选区中的图像

利用选区工具绘制好闭合选区后,可以移动选区中的图像,发挥选区的限制作用区域功能。按住 Ctrl 键的同时,按住鼠标左键拖动,即可移动选区中的图像,如图 4.61 所示。与抠图不同的是,这种操作不会形成新的图层。

图 4.60　复制、粘贴图像

图 4.61　移动选区中的图像

　　值得注意的是，若选区建立在背景图层上，则选区中的图像被移动后，移动前的区域自动填充为背景色，如图 4.61 所示；若选区建立在非背景图层上，则选区中的图像被移动后，移动前的区域被挖空，如图 4.62 所示。

图 4.62　非背景图层

3. 删除选区中的图像

　　选区中的图像可以删除，按 Delete 键即可。与"移动选区中的图像"一样，若选区建立在背景图层上,则删除选区中的图像时,需在弹出框中设置相关选项,如图 4.63 所示,可以在"内容"下拉选项中选择删除区域的填充形式;若选区建立在非背景图层上,则选区中的图像被删除后,该区域被挖空,如图 4.64 所示。

图 4.63　删除背景中选中的图像

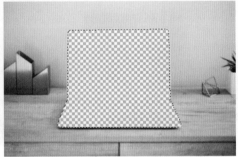

图 4.64　删除非背景中选中的图像

小　结

　　本章针对选区知识设置了三节内容,4.1 节带领读者认识选区,使读者对选区形成概念上的认识;4.2 节介绍了多种选区工具,包括选框工具、套索选择工具、快速选择工具和魔棒工具,读者通过本节学习可以准确选择和使用选区工具;4.3 节介绍与选区有关的操作,包括选区的基本操作与选区中图像的基本操作。通过本节学习读者可以熟练操作各种选区工具,解决读者制图过程中抠图的需求。

习　题

1. 填空题

(1) 选框工具的快捷键为_____。

(2) 套索工具的快捷键为_____。

(3) 快速选择工具的快捷键为_____。

(4) 按_____组合键可以取消选区,按_____键,再单击图层缩览图可以将图层中的图像载入选区。

　　（5）使用_____组合键可快速调出羽化设置弹框。

2. 选择题

　　（1）在 Photoshop 中，抠取选区中图像的快捷键是（　　）。

　　　　A. Ctrl＋E 　　　　B. Ctrl＋J 　　　　C. Ctrl＋T 　　　　D. Ctrl＋G

　　（2）在 Photoshop 中，删除选区中的图像的快捷键是（　　）。

　　　　A. Shift 　　　　B. Space 　　　　C. Enter 　　　　D. Delete

　　（3）按（　　）组合键可以反选选区。

　　　　A. Ctrl＋I 　　　　　　　　　　B. Ctrl＋Alt＋I

　　　　C. Shift＋Ctrl＋I 　　　　　　　D. Shift＋Ctrl＋Alt＋I

　　（4）按住（　　）键的同时，按住鼠标左键拖动，即可移动选区中的图像。

　　　　A. Shift 　　　　B. Alt 　　　　C. Ctrl＋Alt 　　　　D. Ctrl

　　（5）在 Photoshop 中，全选的快捷键为（　　）。

　　　　A. Ctrl＋I 　　　　B. Ctrl＋B 　　　　C. Ctrl＋A 　　　　D. Shift＋W

3. 思考题

　　（1）简述选区的基本功能。

　　（2）简述选区的基本操作。

4. 操作题

　　打开素材 4-1.jpg，利用磁性套索工具抠取图中的"大鸭梨"，如图 4.65 所示。

图 4.65　素材图

第5章　填充与绘画

本章学习目标：
- 认识前景色与背景色，掌握其相关操作。
- 熟练掌握画笔工具和橡皮擦工具的使用。
- 掌握渐变工具与油漆桶工具的使用。

视频讲解

Photoshop 作为图像处理领域最强大的软件之一，不仅可以对原始图像进行修改，还可以运用软件中的各种工具绘制图像，实现从无到有的过程。本章将详细介绍 Photoshop 中的几种位图编辑工具，包括拾色器工具、画笔工具、橡皮擦工具、渐变工具等。读者通过学习本章内容，能够绘制色彩斑斓的图像。

5.1　前景色与背景色

5.1.1　概念释义

在 Photoshop 中的工具栏底部，有前景色与背景色图标，二者都是用来填充颜色的。根据位图编辑工具的不同，绘制图像的颜色有的为前景色，有的为背景色，如运用画笔工具在画布上绘制的图像，颜色填充为前景色，运用橡皮擦工具在背景图层上涂抹，涂抹区域填充为背景色。

默认情况下，前景色为黑色，背景色为白色，如图 5.1所示。

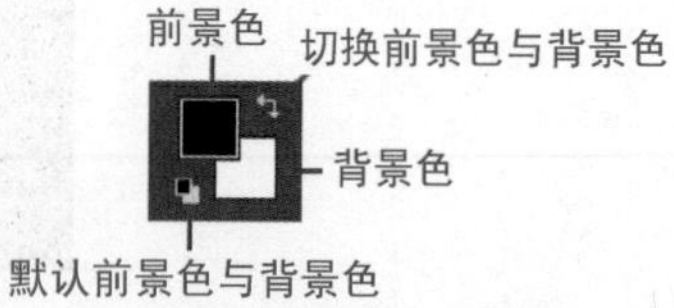

设置前景色：单击前景色颜色框■，在调出的拾色器面板中设置需要的颜色。

设置背景色：单击背景色颜色框□，在调出的拾色器面板中设置需要的颜色。

切换前景色与背景色：单击"切换"按钮↰，或者使用 X 键切换。

默认前景色与背景色：单击"默认颜色"按钮▣，或者使用 D 键设置。

图 5.1　前景色与背景色

5.1.2　设置颜色

前景色与背景色颜色可以根据实际需要进行设置，本节介绍三种常用且便捷的方法，读者可以根据不同情形选择最适用的方式改变前景色与背景色。

1. 拾色器

单击前景色或背景色色块，即可调出"拾色器"面板，在此面板中可以设置前景色或背景色的颜色。先使用颜色选择滑块,选择需要的颜色范围,然后在左侧的颜色选择窗口中选择具体的颜色,单击"确定"按钮即可,如图 5.2 所示。若已知所需颜色的十六进制数值,则可以在♯文本框中直接输入该值,单击"确定"按钮即可。

图 5.2　拾色器

颜色选择滑块:拖曳颜色滑块改变当前可选的颜色范围。

颜色选择窗口:在此窗口中,单击或拖动鼠标即可改变当前拾取的颜色,从上到下为明度由高到低变化,从右至左为饱和度由低到高变化。

RGB 颜色模式:通过红色、绿色、蓝色分量来选取颜色,在拾色器中分别输入 R、G、B 的值(范围为 0~255),即可确定所选颜色。其他颜色模式同理。

2. 使用吸管工具选取颜色

前景色与背景色除了可以在拾色器中设置外,还可以通过吸管工具 选取图像中的颜色,并将选取的颜色设置为前景色或背景色。

选中吸管工具 ,或按 I 快捷键,在图像区域需要的颜色上单击,前景色即可变为所吸取的颜色。按住 Alt 键再单击,可以选取新的背景色,如图 5.3 所示。

(a) 吸取前景色

(b) 吸取背景色

图 5.3　吸管工具

第5章

填充与绘画

值得注意的是,单击前景色或背景色色块后,工具面板中自动选中吸管工具,此时将光标置于图像中,也可吸取图像中的颜色,并将此颜色设置为前景色或背景色。

3. 绘画时选取颜色

在绘图过程中也可以快速更改颜色。执行"编辑"→"首选项"→"常规"命令,可以根据需要设置 HUD 拾色器,此处以"色相轮"为例。

选择画笔 ✏ 等位图编辑工具,按 Shift＋Alt 组合键,然后单击鼠标右键,即可调出色相轮。在色相轮外环中选择所需颜色,然后拖动鼠标至中间的颜色选择窗口,选择所需颜色,松开鼠标即可,如图 5.4 所示。

图 5.4　色相轮

值得注意的是,这种方法改变的是前景色的颜色,由于选择画笔工具、铅笔工具绘制图像时,填充颜色为前景色,因此通过 HUD 拾色器可以随时改变画笔颜色。

5.1.3　填充颜色

前景色与背景色都是用来填充颜色的,画笔工具、铅笔工具、橡皮擦工具都是在绘制过程中直接将图像填充为前景色或背景色。除此以外,前景色与背景色可与选区结合使用,用来填充选区,如图 5.5 所示。

图 5.5　填充选区

使用选区工具绘制选区或将图层载入选区后,按 Ctrl+Delete 组合键,可将该选区填充为背景色,按 Alt+Delete 组合键,可将该选区填充为前景色,然后按 Ctrl+D 组合键取消选区即可。

值得注意的是,一个选区若被多次填充为不同颜色,选区边缘会出现杂色,使用"高级填充"即可避免和修正此问题。按 Shift+Ctrl+Delete 组合键,"高级填充"背景色;按 Shift+Alt+Delete 组合键,"高级填充"前景色。

随学随练 »

前景色与背景色在 Photoshop 中被广泛使用,其与选区的搭配使用更是常见。本案例将结合前景色、背景色与选区的相关知识,使用 Photoshop 绘制现代化桌面元素。

【step1】 新建大小为 1500 像素×1200 像素、分辨率为 72 像素/英寸、颜色模式为 RGB、背景颜色为白色的画布,然后按 Shift+Ctrl+Alt+N 组合键,新建空白图层,如图 5.6 所示。

图 5.6　新建空白图层

【step2】 选中矩形选框工具,绘制大小为 1500 像素×140 像素的矩形选区,将前景色设置为♯fcc695,按 Alt+Delete 组合键将选区填充为前景色,将背景色设置为♯dcdcdc,选中背景图层,按 Ctrl+Delete 组合键将背景填充为灰色,如图 5.7 所示。

【step3】 选中矩形选框工具,绘制 90 像素×440 像素的矩形选框,将前景色设置为♯f87962,按 Alt+Delete 组合键将选区填充为前景色,如图 5.8 所示。

图 5.7　绘制选区

【step4】 新建空白图层,选中椭圆选框工具,绘制正圆形,填充为白色,再次新建图层,绘制一个较小的圆形选框,将前景色设置为黑色,填充前景色,同时选中两个图层,使之水平垂直居中,如图 5.9 所示。

填充与绘画

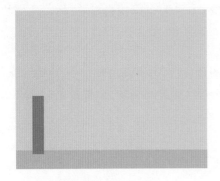

图 5.8　填充选区

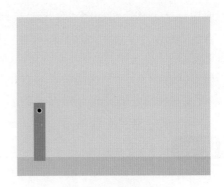

图 5.9　绘制圆形

【step5】　使用同样的方法,绘制其他书籍(注意:填充前需要新建空白图层)。选中除背景图层和底部黄色图层之外的所有图层,按 Ctrl+G 组合键将这些图层编组,将组命名为"书籍",如图 5.10 所示。

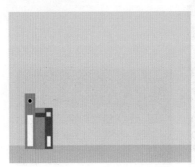

图 5.10　绘制书籍

【step6】　选中矩形选框工具,绘制长为 710 像素、宽为 540 像素的矩形选框,执行"选择"→"修改"→"平滑"命令,在弹出的窗口中设置取样半径值为 15 像素,然后将前景色设置为♯cccccc,新建空白图层,将选区填充为前景色,如图 5.11 所示。

【step7】　选中矩形选框工具,绘制长为 710 像素、宽为 454 像素的矩形选框,执行"选择"→"修改"→"平滑"命令,在弹出的窗口中设置取样半径值为 15 像素,然后将前景色设置为♯201e1e,新建空白图层,将选区填充为前景色,如图 5.12 所示。

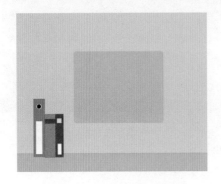

图 5.11　绘制计算机背板

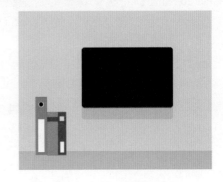

图 5.12　绘制屏幕外框

【step8】 使用矩形选框工具绘制长为 650 像素、宽为 404 像素的矩形选框,新建空白图层,并将前景色设置为♯5a5a5a,将选区填充为前景色,如图 5.13 所示。

【step9】 使用同样的方法绘制摄像头,在网站上下载苹果 logo,复制到画布中调整大小即可,如图 5.14 所示。

图 5.13　绘制屏幕

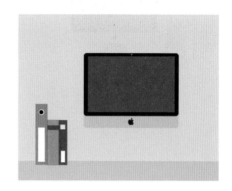

图 5.14　绘制摄像头

【step10】 使用矩形选框工具绘制长为 212 像素、宽为 86 像素的矩形选框,新建空白图层,将前景色设置为♯6b6b6b,将选区填充为前景色,取消选区后,按 Ctrl＋T 组合键调出自由变换框,单击右键选中"透视",将该矩形的上部向内收缩,如图 5.15 所示。

【step11】 绘制底座,颜色为♯cccccc,绘制便利贴,颜色为♯fffb76,将计算机组件图层编组,调整计算机的大小和位置,如图 5.16 所示。

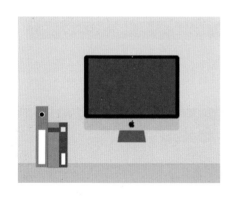

图 5.15　绘制计算机支架

图 5.16　调整图层图像

【step12】 绘制长为 146 像素、宽为 38 像素的矩形选框,执行"选择"→"修改"→"平滑"命令,参数设置为 4 像素,新建空白图层,前景色设置为♯ ffbc81,将选区填充为前景色;绘制仙人球盆栽的其他部分,如图 5.17 所示。

【step13】 熟悉了前景色、背景色与选区的搭配使用后,可以继续完善该图像,效果图如图 5.18 所示。

第
5
章

填充与绘画

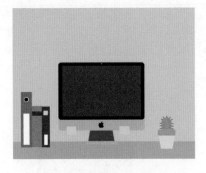

图 5.17 绘制仙人球盆栽

图 5.18 效果图

5.2 画笔工具

在日常生活中,画画总会用到各种各样的画笔,根据其大小、粗细、软硬,画笔分为许多种类。同样地,在 Photoshop 中,通过画笔工具可以绘制许多图像,本节将详细讲解画笔工具的基础知识和使用方法。

5.2.1 画笔工具属性栏

选中画笔工具 ,或按 B 键,在属性栏中设置相关参数,如图 5.19 所示,可以绘制多种艺术形式的图像。

图 5.19 画笔工具属性栏

画笔预设:单击 按钮,打开画笔下拉面板,在该面板中可以设置画笔的硬度、大小、笔尖,如图 5.20 所示。

画笔面板:单击 图标,弹出画笔设置和画笔面板。

模式:单击右侧的下拉按钮,可以选择混合样式,设置画笔绘制图像与画面的混合模式。

不透明度:单击 按钮,在弹出的控制条 中拖动滑块,或在输入框中输入数值,可以对画笔的不透明度进行设置,数值越小,画笔绘制的图像透明度越高。

流量:用于控制画笔绘制图像时运用颜色的速率,流量越大,速率越快。

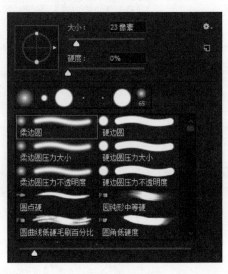

图 5.20 画笔预设

喷枪模式：启用该模式，根据单击程度确定画笔线条的填充数量。

5.2.2 画笔面板

单击画笔工具属性栏中的画笔面板图标 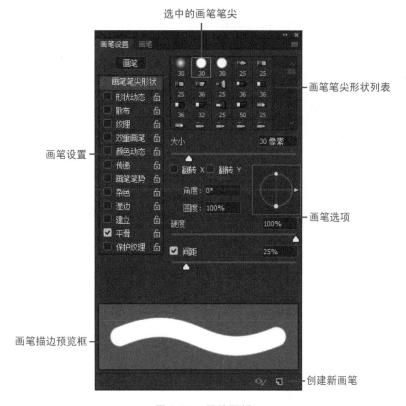，或执行"窗口"→"画笔设置"命令，或按 F5 键，即可调出"画笔设置"面板，如图 5.21 所示。具体设置将在下面详细讲解。

图 5.21　画笔面板

选中的画笔笔尖：当前选中的画笔笔尖。

画笔笔尖形状列表：在该列表中有多种可供选择的画笔笔尖，用户可以使用默认的笔尖样式，也可以载入新的样式。

画笔选项：在此选项中，可以设置画笔大小、角度、硬度和间距等。

画笔设置：选中画笔设置中的所需选项，单击名称，即可设置该选项下的具体参数。

画笔描边预览框：以上各项参数设置改变时，会在画笔描边预览框中实时显示画笔状态。

创建新画笔：通过以上各种参数设置的画笔形状可以保存为新画笔，以便在后续操作中使用。

5.2.3 设置画笔的笔尖类型

画笔工具可以通过设置相关参数和画笔笔尖，绘制出多种多样的图案。本节将详细讲解画笔面板中的画笔设置，由于此内容较多，读者学习时需要经常操作、试验，以熟悉各种参数的作用。

1. 编辑画笔基本参数

选中画笔工具,单击画笔面板图标■,弹出画笔面板设置界面。选择此界面左侧的"画笔笔尖形状"选项,可以对画笔的形状、大小、硬度、间距、角度等属性进行设置,如图 5.22 所示。

画笔形状:若要选中某一形状,单击此形状图标即可。拖动右侧的滚动条可以查看更多笔尖形状,如图 5.23 所示。

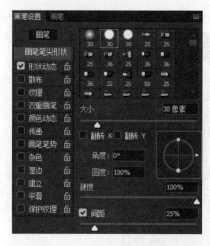

图 5.22　画笔笔尖形状

图 5.23　笔尖形状

大小:拖动大小控制条或在后方输入框中输入数值,即可设置画笔笔尖大小。数值越大,画笔的直径越大。不同的画笔形状,直径最大值可能不一样。

翻转 X/翻转 Y:用来改变画笔笔尖在其 X 轴或 Y 轴上的方向,如图 5.24 所示。

(a) 原画笔

(b) 选中"翻转X"选项

(c) 选中"翻转Y"选项

图 5.24　翻转 X 和翻转 Y

角度：在"角度"输入框中输入角度值或拖动右侧预览框中的水平轴，可以调整画笔的角度，如图 5.25 所示。

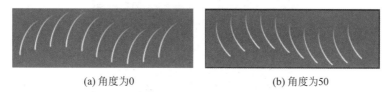

(a) 角度为0   (b) 角度为50

图 5.25　角度

圆度：在"圆度"输入框中输入圆度或拖动右侧预览框中的节点，可以设置画笔短轴与长轴之间的比率。设置的数值越大，笔尖越接近正常或越圆润，如图 5.26 所示。

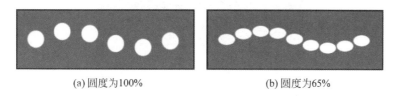

(a) 圆度为100%   (b) 圆度为65%

图 5.26　圆度

硬度：在"硬度"文本框中输入数值或拖动滑块，可以调整画笔边缘的虚化程度。数值越高，笔尖边缘越清晰，数值越低，笔尖的边缘越模糊，如图 5.27 所示。

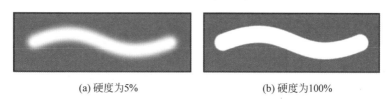

(a) 硬度为5%   (b) 硬度为100%

图 5.27　硬度

间距：在"间距"文本框中输入数值或拖动滑块，即可调整画笔每笔之间的间距，数值越大，笔迹之间的间距越大，如图 5.28 所示。

(a) 间距为55   (b) 间距为155

图 5.28　间距

2. 画笔形状动态

选中"形状动态"复选框，单击"形状动态"即可进入设置界面，该选项中的参数设置控制画笔笔迹的变化，如图 5.29 所示。

大小抖动：在"大小抖动"文本框中输入参数或拖动滑块，即可设置画笔在绘制过程中的大小波动幅度，值越大，波动幅度越大，如图 5.30 所示。

图 5.29　形状动态

(a) 大小抖动为0%　　　　　　　　　(b) 大小抖动为72%

图 5.30　大小抖动

角度抖动：在"角度抖动"文本框中输入参数或拖动滑块，即可设置画笔在绘制过程中的角度波动浮动，值越大，角度波动幅度越大，如图 5.31 所示。

(a) 角度抖动为0%　　　　　　　　　(b) 角度抖动为100%

图 5.31　角度抖动

3. 散布

选中"散布"复选框，单击"散布"即可进入设置界面，该选项中的参数控制画笔笔迹的数量和分布，如图 5.32 所示。

散布：在"散布"文本框中输入参数或拖动滑块，即可设置画笔偏离所绘制笔画的偏离程度，设置的值越大，偏离的程度越大，如图 5.33 所示。选中两轴，散布会在 X 轴与 Y 轴上都产生效果，不选中此选项，画笔笔画只在 X 轴分散。

图 5.32　散布界面

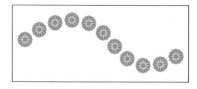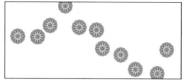

(a) 散布为0%　　　　　　　　　　(b) 散布为100%

图 5.33　散布

　　数量：在"数量"文本框中输入参数或拖动滑块，即可设置画笔绘制图案的数量，数值越大，绘制的笔画越多。

　　数量抖动：在"数量抖动"文本框中输入参数或拖动滑块，即可控制画笔点数量的波动情况，数值越高，画笔点波动的幅度越大，如图 5.34 所示。

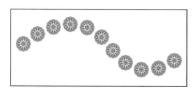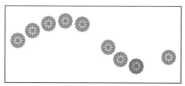

(a) 数量抖动为100%　　　　　　　(b) 数量抖动为0%

图 5.34　数量抖动

4. 颜色动态

纹理与双重画笔不常使用,这里不再详细介绍,读者可自行试验,观察效果即可。"颜色动态"用来控制两种颜色(前景色与背景色)在不同程度的混合,其设置界面如图 5.35 所示。

图 5.35　颜色动态

选中"颜色动态"复选框,并且选中"应用每笔尖"复选框,绘制的笔尖效果如图 5.36 所示。

(a) 未勾选"颜色动态"

(b) 勾选"颜色动态"

图 5.36　差异展示

前景/背景抖动:在此文本框中输入参数或拖动滑块,可以控制画笔颜色的变化情况,数值越大,画笔颜色越接近背景色,参数越小,画笔颜色越接近前景色。

色相抖动:与前景/背景抖动一样,参数越大,色相越接近背景色,参数越小,色相越接近前景色。同理,可以设置饱和度与亮度的相关参数。

纯度:用来设置颜色的纯度,数值越小,画笔笔迹越接近黑白色,数值越大,颜色饱和度越高,如图 5.37 所示。

(a) 纯度为–55%　　　　　　　　(b) 纯度为0%

图 5.37　纯度

5. 传递

选中"传递"复选框,单击"传递",即可调出参数设置界面,如图 5.38 所示。此选项控制画笔不透明度抖动、流量抖动等。

图 5.38　传递

不透明度抖动:在文本框中输入数值或拖动滑块,即可设置不透明度抖动,数值越大,画笔笔迹的不透明度变化越大,数值越小,画笔笔迹的不透明度变化越小,如图 5.39 所示。

(a) 不透明度抖动为0%　　　　　　　　(b) 不透明度抖动为60%

图 5.39　不透明度抖动

填充与绘画

流量抖动：设置此参数，可以控制画笔笔迹油彩的变化幅度。数值越大，变化幅度越大，数值越小，变化幅度越小。

6. 其他选项设置

画笔设置中除了以上常用的选项外，还有"杂色""湿边""建立""平滑"和"保护纹理"。这些选项没有参数设置界面，若有需要，选中复选框即可。

5.2.4　管理画笔

执行"窗口"→"画笔"命令，即可弹出"画笔"面板，单击该面板右上方的 ▤ 按钮，在弹出的面板菜单中，可以选择多种预设画笔，包括"新建画笔预设""重命名画笔""删除画笔""导入画笔"等，如图 5.40 所示。

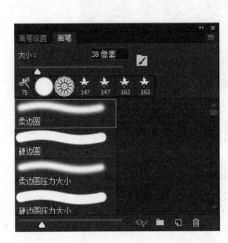

图 5.40　编辑画笔

新建画笔预设：通过设置画笔的笔尖类型，用户将 Photoshop 中的画笔设置为需要的形式，选择"新建画笔预设"，在弹出框中单击"确定"按钮，即可将设置好的画笔保存为新的自定义画笔，以便在后续操作中重复使用。

重命名与删除画笔：顾名思义，即可根据需要对选中画笔进行操作。

导入画笔：在 Photoshop 中，除了默认的画笔外，还可以导入从网络上下载的画笔样式。选中"导入画笔"选项，弹出"载入"对话框，选择需要载入画笔的磁盘位置，选中目标画笔文件，单击"载入"按钮即可，如图 5.41 所示。拖动"画笔"面板右侧的滚动条至最底部，即可选择导入的画笔。

5.2.5　定义画笔预设

在 Photoshop 中使用画笔工具时，除了可以选择软件自带的和导入的画笔外，用户还可以将绘制的图像定义为画笔。绘制完图像后，执行"编辑"→"定义画笔预设"命令，在弹出的

图 5.41　导入画笔

窗口中设置画笔名称,然后单击"确定"按钮即可,如图 5.42 所示。新的画笔默认位置为所有画笔的最下方。

图 5.42　定义画笔预设

值得注意的是,绘制的图像颜色可能是丰富多彩的,定义为画笔后,原图像中的黑色在此画笔中为纯色、白色为透明、其他颜色为半透明,如图 5.43 所示。

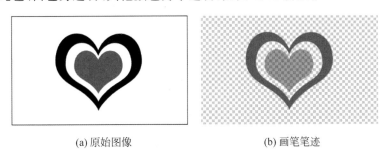

(a) 原始图像　　　　　　　　　　(b) 画笔笔迹

图 5.43　颜色转换

图 5.43(a)为原始图像,由三种颜色的心形组成:外层为纯黑色,中间层为白色,最里层为红色。将该图像定义为画笔后,选择画笔工具并选中此画笔,设置前景色为红色,在画布

上单击,绘制的图像如图 5.43(b)所示,外层为前景色,中间层透明,最里层为半透明。

若要使定义的画笔在使用时不存在半透明区域,那么在绘制原始图像时,只使用黑色与白色两种颜色。更改前景色后,使用该画笔绘制时,图像颜色为前景色或透明,如图 5.44 所示。

(a) 原始图像   (b) 画笔笔迹

图 5.44　自定义画笔

随学随练》

画笔工具是一项十分强大的操作工具,通过设置相关属性和参数可以绘制出精美的图像。在本次案例中,读者需使用本节中所学的画笔工具的相关知识,制作出飘落樱花的场景。

【step1】　新建尺寸为 1500 像素×750 像素、分辨率为 72 像素/英寸、颜色模式为 RGB、背景为白色的画布,如图 5.45 所示。

【step2】　打开素材图 5-1. png、图 5-2. png、图 5-3. png,如图 5.46 所示。

【step3】　将图 5-1. png 文件切换为当前文档窗口,将光标置于画布上,按住鼠标左键拖动,直到光标置于"樱花飘落"文件名称窗口上,停留片刻,此时当前窗口自动切换为名为"樱花飘落"的文件,继续拖动光标至画布上,此时松开鼠标,即可将图 5-1. png 置于"樱花飘落"文

图 5.45　新建画布

(a) 图5-1.png   (b) 图5-2.png   (c) 图5-3.png

图 5.46　打开素材

件中,如图 5.47 所示。

【step4】 从图 5.47 可见,图层 1 为锁定状态,单击"解锁"按钮 🔒,即可解除锁定,然后选中移动工具与图层 1,按 Ctrl＋A 组合键全选画布,此时在属性栏中出现对齐选项,如图 5.48 所示。单击"垂直居中对齐"按钮 ▥ 与"水平居中对齐"按钮 ▤ 即可使图层以画布为标准对齐。

【step5】 将图 5-2.png 切换为当前窗口,运用 step3 的方法,将图中的大树复制到"樱花飘落"文件中,然后选中移动工具调整大树在画布中的位置,如图 5.49 所示。

图 5.47　复制粘贴图 5-1.png

图 5.48　对齐图层

【step6】 将图 5-3.png 切换为当前窗口,运用 step3 的方法,将图中的樱花复制到"樱花飘落"文件中,如图 5.50 所示。

图 5.49　复制粘贴图 5-2.png

图 5.50　复制粘贴图 5-3.png

【step7】 按住 Ctrl 键的同时单击"樱花"图层缩览图,将此图层载入选区,执行"编辑"→"定义画笔预设"命令,然后在弹出框中设置名称为"cheery",单击"确定"按钮,即可将"樱花"定义为画笔,如图 5.51 所示。

图 5.51　定义画笔预设

【step8】 删除"樱花"图层,按 Shift＋Ctrl＋Alt＋N 组合键新建空白图层,如图 5.52 所示。

【step9】 选中画笔工具,此时默认的画笔为 step7 中新建的名为 cheery 的画笔。按 F5 键调出画笔设置面板,如图 5.53 所示。选中并单击"画笔笔尖形状",大小设置为 25 像素,间距设置为 125％。选中并单击"形状动态",大小抖动设置为 70％,角度抖动设置为 55％。选中并单击"散布",散布设置为 535％,并选中"两轴"。选中并单击"传递",不透明度抖动设置为 20％。选中"平滑"。此时,画笔参数设置完毕。

填充与绘画

图 5.52 新建空白图层

图 5.53 画笔设置面板

【step10】 单击前景色色块,在♯文本框中输入色值"ff0000"。确认此时选中画笔工具,并选中新建的空白文档。将光标置于画布中的大树位置,按住鼠标左键拖动,即可绘制樱花飘落的图像,如图 5.54 所示。

图 5.54 画笔绘图

【step11】 同理,运用画笔工具绘制青草。新建空白图层,选中画笔工具,在属性栏中单击 下拉箭头,在下拉框中选中"草"笔尖,然后单击画笔设置 ,设置相关参数。前景色设置为 12ff00,在画布中绘制即可,如图 5.55 所示。

【step12】 导入画笔:复制 cloud. bar 文件到桌面或指定磁盘文件夹中,在 Photoshop 中选中画笔工具,执行"窗口"→"画笔"命令,在弹出窗口中单击 按钮,选中"导入画笔"选

图 5.55　绘制草地

项,在载入界面中选中 cloud. bar 文件,单击"确定"按钮,即可将该画笔载入 Photoshop 中。

　　【step13】　选中 step12 中载入的画笔组,在文件夹下选中合适的云彩画笔,调节画笔大小,并将前景色设置为白色,新建图层后,即可在图像上绘制云彩,如图 5.56 所示。

图 5.56　绘制云彩

　　【step14】　打开素材图 5-4. png,将此图像拖动到"樱花飘落"文档中,使用移动工具调整位置,如图 5.57 所示。

图 5.57　效果图

第5章

填充与绘画

5.3 渐变工具

使用渐变工具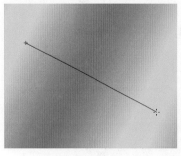可以绘制一种颜色到另一种颜色或多种颜色按某种顺序逐渐过渡的图像,在 Photoshop 中,渐变工具被广泛使用,不仅可以填充图像,而且可以填充选区、蒙版等。本章将详细讲解渐变工具的相关知识。

5.3.1 绘制渐变图像

图 5.58 绘制渐变

使用渐变工具可以绘制颜色过渡的图像,在工具栏中选中渐变工具,或按 G 键,新建空白图层,将鼠标置于文档窗口中,光标变为 ┼,按住鼠标左键并拖动,出现如图 5.58 所示的直线,松开鼠标后即绘制完成渐变图像。

值得注意的是,起始点与终点之间的直线越短,过渡范围越小,过渡效果越生硬,起始点与终点之间的直线越长,过渡范围越大,过渡效果越柔和,如图 5.59 所示。

图 5.59 对比

5.3.2 渐变工具属性栏

单击工具栏中的渐变工具图标或按 G 键,即可选中渐变工具,属性栏中可以更改渐变工具的相关属性,如图 5.60 所示。

渐变颜色条　　　　　　　　　　　模式

渐变类型　　　　　　　　　　不透明度

图 5.60 渐变工具属性栏

1. 渐变颜色条

该颜色条显示了当前的渐变颜色,单击右侧的 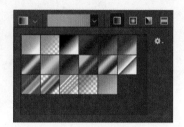 按钮,在打开的面板中是预设的渐变样式,如图 5.61 所示。选中某一项,即可使用该类型的渐变。

单击颜色条　　　　,即可弹出渐变编辑器,可以在此编辑器中设置渐变样式,如图 5.62 所示。

图 5.61 预设渐变

图 5.62　渐变编辑器

2. 渐变类型

渐变工具有 5 种渐变类型,包括线性渐变、径向渐变、角度渐变、对称渐变与菱形渐变。不同的渐变类型有不同的渐变效果,如图 5.63 所示。

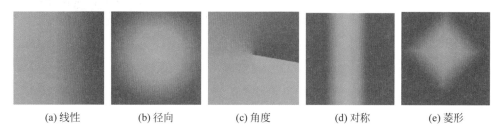

(a)线性　　　　　(b)径向　　　　　(c)角度　　　　　(d)对称　　　　　(e)菱形

图 5.63　渐变类型

线性渐变是以直线的方式从起点到终点的渐变。径向渐变是以圆形的方式由内而外的渐变。角度渐变是围绕起点形成的逆时针渐变,这种渐变绘制的图像有明显的过渡条。对称渐变绘制的图像,渐变色彩是呈直线对称的。使用菱形渐变绘制的图像,渐变的形状为菱形。

3. 其他属性设置

模式:单击右侧的 按钮,可以选择某一选项,使得绘制的渐变图像与下层图像产生不同效果的混合,每种混合样式的特征和效果将在后面章节详细讲解。

不透明度:在文本输入框中输入数值或拖动滑块,可以设置渐变图像的不透明度。

反向:选中复选框,可以使渐变的颜色反转填充,如图 5.64 所示。

仿色:选中该选项,可以使颜色过渡得更自然,避免生硬。

透明区域:选中此选项,可以绘制带有透明区域的渐变图像。

填充与绘画

图 5.64　反向

5.3.3　渐变编辑器

在渐变编辑器中可以设置渐变的具体样式,包括渐变类型、平滑度、渐变颜色及其不透明度等。通过设置这些内容可以绘制多种多样的渐变图像。

1. 渐变类型

在渐变编辑器中可以选择渐变类型,渐变类型分为实底和杂色两种。实底渐变是不含透明像素的平滑渐变,如图 5.65 所示。杂色渐变包含指定的颜色范围内随机分布的颜色,颜色变化十分丰富,如图 5.66 所示。后续内容将详细讲解实底类型下的相关设置。

图 5.65　实底

图 5.66　杂色

2. 设置颜色

渐变类型设置为实底,可以运用窗口下方的色彩条修改渐变的颜色。单击色彩条下方的色标，单击"颜色"后方的色块，在弹出的拾色器中设置需要的颜色,单击"确定"按钮,即可修改颜色,如图 5.67 所示。

除了可以改变色标颜色外,还可以移动色标的位置,将光标置于色标上,左右拖动,即可改变色标位置,从而改变颜色之间的渐变关系。鼠标拖动光标之间的菱形指针，也可改变渐变关系,如图 5.68 所示。

色彩条上方的色标用来控制不透明度,单击该色标，可以在色彩条下方设置不透明度。当不透明度设置为 100% 时,颜色为纯色;当不透明度设置为 0% 时,颜色为透明;当不透明度设置为 0%~100% 时,颜色为半透明,如图 5.69 所示。

色彩条上的色标可以删除,将鼠标光标置于色标上,按住鼠标左键向垂直下方或垂直上方拖曳,松开鼠标后,该光标即可删除,如图 5.70 所示。

若要新增色彩条上的色标,单击色彩条上方或下方空白处即可,新建的色标参数与鼠标选中的上一个色标参数相同,如图 5.71 所示。

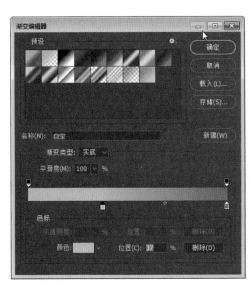

图 5.67 设置颜色

图 5.68 改变颜色的渐变关系

图 5.69 改变渐变颜色的不透明度

填充与绘画

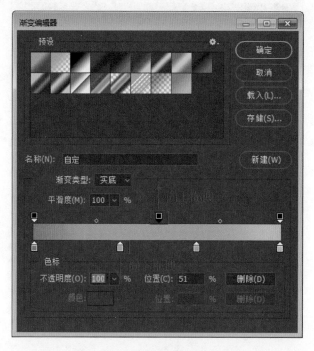

图 5.70　删除色标

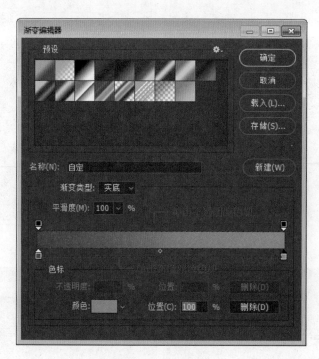

图 5.71　新增色标

实际运用中,设置渐变编辑器时,可能需要复制色彩条上的色标,将鼠标置于需要复制的色标上,按住 Alt 键的同时,水平拖动鼠标,即可完成复制。

3. 新建渐变

在色彩条中设置好渐变后,单击"新建"按钮,即可将此渐变保存为预设渐变,新建的渐变在渐变编辑器的左上方预设栏中显示,如图 5.72 所示。预设栏中的渐变可以删除,只要将光标置于需删除的渐变图标上,单击鼠标右键,选择"删除渐变"命令即可。

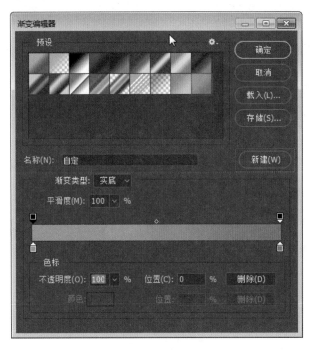

图 5.72　新建渐变

随学随练 »

渐变工具是 Photoshop 中十分强大的绘图工具,通过渐变编辑器可以设置多种多样的渐变颜色和样式,本案例运用渐变工具绘制灿烂的星球效果,具体操作步骤如下。

【step1】　新建名称为"星球"、尺寸为 1000 像素×700 像素、颜色模式为 RGB、分辨率为 72 像素/英寸、背景色为白色的空白画布,如图 5.73 所示。

【step2】　将前景色设置为＃331b69,按 Alt＋Delete 组合键将背景颜色填充为前景色,单击"图层"面板中的　按钮新建一个空白图层。

【step3】　选中椭圆选框工具,在工具属性栏的"样式"选项中选中"固定大小",将宽度和高度都设置为 270 像素,将光标移动至画布中并单击,即可建立固定大小的选框,如图 5.74所示。

【step4】　选中渐变工具,单击工具属性栏中的渐变管理器按钮,在渐变管理器中设置渐变颜色和样式(色块从左至右的色值为＃ee28fb、＃fd26f3,不透明度色块从左至右为7％、0％、75％),单击"确定"按钮后,将鼠标置于圆形选区的左上角选框上,按住鼠标左键拖动至右下角的选框上,松开鼠标得到如图 5.75(b)所示的渐变效果。

图 5.73 新建画布　　　　　　　　　　图 5.74 绘制圆形选框

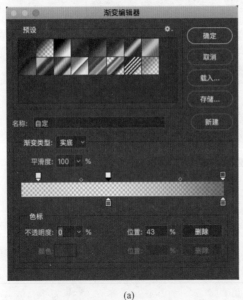

(a)

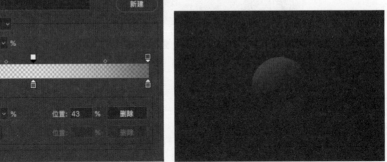

(b)

图 5.75 设置颜色

【step5】　再次选中椭圆选框工具，在工具属性栏中设置宽度和高度都为 256 像素，单击画布即可创建选区，如图 5.76 所示。

【step6】　新建空白图层，选中渐变工具，在渐变编辑器中设置渐变颜色（色块的色值从左至右为♯342060、♯651276，不透明度色块从左至右为 20％、90％），然后在渐变工具属性栏中选中“径向渐变”，将鼠标置于圆形选区的左上角选框上，按住鼠标左键拖动至右下角的选框上，松开鼠标得

图 5.76 新建圆形选区

到如图 5.77(b)所示的渐变效果。

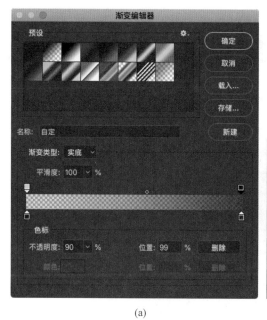 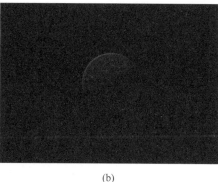

(a)   (b)

图 5.77　设置渐变颜色

【**step7**】 选中椭圆工具,在工具属性栏中设置固定大小为 246 像素,绘制圆形选框,如图 5.78 所示。

【**step8**】 选中矩形选框工具,按住 Alt 键的同时,绘制覆盖圆形选框的上半部分的矩形选框,如图 5.79 所示。

图 5.78　绘制选区   图 5.79　布尔运算

【**step9**】 新建空白图层,选中渐变工具,调整渐变颜色(色块从左至右为♯418deb、♯418deb、♯20f0f2,不透明度都为 100%),然后将选区填充渐变,如图 5.80 所示。

【**step10**】 按 Ctrl+J 组合键复制该半圆图层并隐藏显示,选中上一步制作的半圆图像,按 Ctrl+T 组合键调出自由变换框,右击,在列表中选择"变形"命令,通过拖动控制手柄和控制点调整图像的形状,如图 5.81 所示。

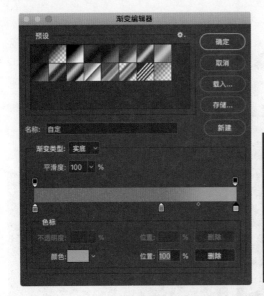

图 5.80　绘制阴影

图 5.81　变形

【**step11**】　选中复制的半圆图层，并取消隐藏。对该图形进行变形操作，重新填充渐变，如图 5.82 所示。

图 5.82　变形

【step12】 复制"图层3拷贝",将图像载入选区,然后选中渐变工具,设置渐变颜色,(色块的色值从左至右为♯f429da、♯f400d4、♯f47ffb、♯fcc5ff),填充该选区,如图5.83所示。

【step13】 选中移动工具将该粉红色图像向下移动,然后将"图层3拷贝"载入选区,按Shift+Ctrl+I组合键反选,按Delete键删除选区中的图像,如图5.84所示。

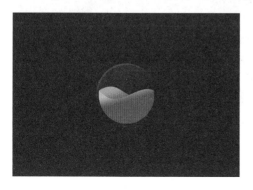

图5.83 复制图像

图5.84 移动图像

【step14】 选中椭圆工具,绘制小椭圆选区,对选区进行羽化操作,然后选中渐变工具并设置渐变颜色为黄色到黄色透明,填充渐变,减小图层的透明度,如图5.85所示。

【step15】 选中椭圆选框工具,绘制大小为256像素的圆形选框,然后在工具属性栏中选中样式为"固定比例",按住Alt键的同时绘制另一个圆形选框,如图5.86所示。

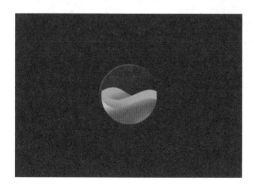

图5.85 制作反光效果

图5.86 绘制高光选区

【step16】 新建一个空白图层,填充白色,将图层的不透明度调整为10%,在"图层"面板中将图层混合模式设置为"叠加"(混合模式的知识将在后面的章节详细讲解),如图5.87所示。

【step17】 绘制大小为230像素×230像素的圆形选框,在工具属性栏中单击"从选区中减去"按钮,将大小固定为216像素×216像素,绘制圆环选区,新建空白图层,将选区填充为白色,如图5.88所示。

图5.87 制作高光

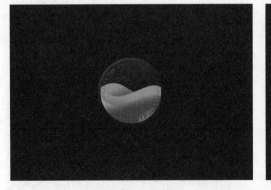

图 5.88　绘制圆环

【**step18**】　选中多边形套索工具,删除圆环部分的图像,如图 5.89(a)所示;选中椭圆选框工具,样式改为"正常",绘制正圆形选区,新建图层并填充为白色,如图 5.89(b)所示。

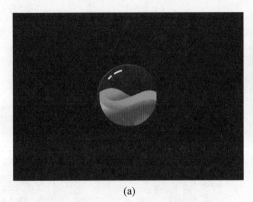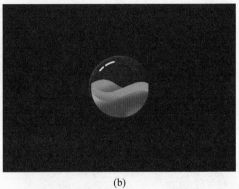

(a)　　　　　　　　　　　　　　　　　(b)

图 5.89　删除部分图像

【**step19**】　运用 step17 的方法,绘制星球的轨道,填充为渐变,如图 5.90 所示。

【**step20**】　添加素材,调整图像大小,最终效果如图 5.91 所示。

图 5.90　绘制轨道　　　　　　　　　　　　　图 5.91　效果图

5.4 橡皮擦工具

在日常学习生活中,经常用橡皮擦文具擦除所绘制图形中的错误笔画,Photoshop 中的橡皮擦工具与现实生活中使用的橡皮擦文具功能类似,本节将详细介绍 Photoshop 中的橡皮擦工具。

使用橡皮擦工具可以擦除像素图像,擦除部分为背景色或透明。使用橡皮擦工具擦除背景图层上的图像时,被擦除部分自动填充背景色,擦除像素图层上的图像时,被擦除部分为透明。

通过设置橡皮擦工具(快捷键为 E)的属性栏,可以使擦除操作达到预期效果,如图 5.92 所示。

图 5.92　橡皮擦工具属性栏

观察可见,橡皮擦工具与画笔工具属性栏类似,选中该属性栏中的"抹到历史记录"选项后,橡皮擦工具的作用相当于历史记录画笔的作用。

调整属性栏中的不透明度,可以改变擦除效果,如图 5.93 所示。该图为背景图层,擦除部分填充为背景色。图 5.93(a)为不透明度是 100% 的擦除效果,图 5.93(b)为不透明度是 25% 的擦除效果。

(a)

(b)

图 5.93　不透明度

小　　结

本章针对选区知识设置了 4 节,5.1 节讲解了前景色与背景色的设置与运用;5.2 节详细介绍了画笔工具,重点讲解了画笔设置窗口中各个选项的使用;5.3 节阐述了渐变工具的相关知识,详细介绍了渐变编辑器中的各项操作;5.4 节介绍了橡皮擦工具。通过本节学习读者可以熟练操作以上各种工具的使用,具备制作基础图像的能力。

习　题

1. 填空题

(1) 切换前景色与背景色的快捷键为_____，恢复默认前景色与背景色的快捷键为_____。

(2) 吸管工具的快捷键为_____。

(3) 选区内填充前景色的快捷键为_____，选区内填充背景色的快捷键为_____，高级填充前景色的快捷键为_____，高级填充背景色的快捷键为_____。

(4) 画笔工具的快捷键为_____。

(5) 定义画笔预设时，图像的黑色部分在画笔中为_____，白色部分为_____，其他颜色为_____。

2. 选择题

(1) 渐变工具的快捷键是(　　)。

A. B　　　　　　　B. I　　　　　　　C. E　　　　　　　D. G

(2) 橡皮擦工具的快捷键是(　　)。

A. E　　　　　　　B. V　　　　　　　C. W　　　　　　　D. X

(3) 选择画笔 等位图编辑工具，按(　　)组合键，然后单击鼠标右键，即可调出色相轮。

A. Shift＋Ctrl＋Alt　B. Shift＋Alt　　　C. Shift＋Ctrl　　　D. Ctrl＋Alt

(4) 按(　　)键，可以弹出"画笔设置"面板。

A. F5　　　　　　　B. F10　　　　　　C. F6　　　　　　　D. F11

(5) 渐变工具可以绘制多种类型的渐变，包括(　　)。(多选)

A. 线性渐变　　　　B. 径向渐变　　　　C. 角度渐变　　　　D. 对称渐变

E. 菱形渐变

3. 思考题

(1) 简述定义画笔预设的基本步骤。

(2) 简述自定义渐变颜色的方法。

4. 操作题

打开素材 5-1.psd，使用橡皮擦工具擦除图像中的"蜜蜂"，如图 5.94 所示。

图 5.94　素材 5-1.psd

第6章 图像修复与润色

视频讲解

本章学习目标：
- 熟练掌握图像修复工具的使用。
- 掌握图像润饰工具的使用。
- 掌握色彩调整的相关操作。

在旅游时，人们都习惯用手机或者相机记录所见的名胜古迹，但是总会有些路人或事物干扰图片的整体性，使用 Photoshop 可以消除这类干扰，修正原始图片中的瑕疵，从而使图片呈现出更美观的画面感。本章将详细讲解此类工具的使用，通过本章学习，读者能够掌握图像修复与润色的技巧。

6.1　修　复　图　像

在 Photoshop 的工具栏中，可以选择多种图片修复工具，如污点修复画笔工具、修复画笔工具、修补工具、红眼工具、仿制图章工具、图案图章工具等，通过这些工具，可以轻松地修复图像中的瑕疵。本节将详细讲解这些工具的具体使用方法。

6.1.1　污点修复画笔工具

使用污点修复画笔工具可以快速消除图像中的污点，如人脸上的雀斑、痣等。在工具栏中选择污点修复画笔工具 ，或按 J 键，将光标置于需要去除的污点上，单击鼠标左键，或者按住鼠标左键拖动，即可消除图像中的污点，如图 6.1 所示。污点修复画笔工具可以自动取样污点周围的像素，快速去除图像中的污点。

(a) 修复前　　　　　　　　　　　　　(b) 修复后

图 6.1　污点修复画笔工具

选中污点修复画笔工具后,在工具属性栏中可以设置相关属性,如画笔大小与硬度、模式、类型等,如图 6.2 所示。

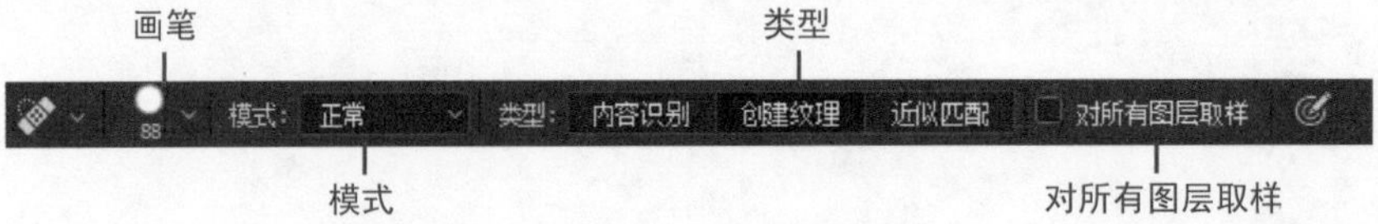

画笔　　　　　　　　　　　　　　　　类型

模式　　　　　　　　　　　　　　　　对所有图层取样

图 6.2　污点修复工具属性栏

画笔:单击下拉按钮 ，在弹出面板中可以设置画笔属性,如图 6.3 所示。具体设置和含义与第 5 章中的画笔工具类似。一般地,大小与硬度需要经常改变,间距、角度与圆度使用默认的数值即可。

模式:可以设置图像修复时使用的设置模式,常用的模式为"正常",其他模式的具体含义将在后面章节具体讲解。

类型:选择"内容识别"选项,污点区域会被选区周围的像素修复;选择"创建纹理"选项,可以使用选区内的所有像素创建一个用于修复污点的纹理;选择"近似匹配"选项,可以使用选区边缘周围的像素查找要用作选定区域修补的图像区域。

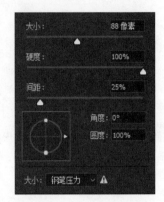

图 6.3　画笔预设

对所有图层取样:如果当前文档中包含多个图层,选中该选项后,可以从所有可见图层中对数据进行取样,取消选中该选项,则只从选中的图层取样。

随学随练 》

污点修复画笔工具可以快速修复图像中的污点,本案例通过该工具的使用,修复图像中的斑点,美化图像。

【step1】　打开素材 6-1.jpg,如图 6.4 所示。

【step2】　选中污点修复画笔工具 ，或按 J 键,在属性栏中调整画笔大小为 16 像素,模式选择"正常",将光标置于图像中需要修复的斑点上,单击即可修复选框中的污点,如图 6.5 所示。

图 6.4　打开素材

图 6.5　修复后的图像

6.1.2 修复画笔工具

修复画笔工具可以将复制的图像粘贴到缺失或需要更改的图像上。选中修复画笔工具 ，或按 J 键，先选中污点修复画笔工具，然后按 Shift＋J 组合键可以切换到修复画笔工具。值得注意的是，使用修复画笔工具时，必须先取样。

选中修复画笔工具后，将光标置于需要取样的图像上，按住 Alt 键，此时光标变为 ，同时单击，取样成功，再将光标置于污点或需要覆盖的图像上，此时光标变为○，单击即可修复图像，如图 6.6 所示。

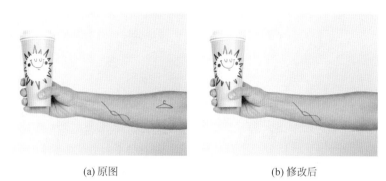

(a) 原图   (b) 修改后

图 6.6　修复画笔工具

选中该工具后，在工具属性栏中可以设置相关属性，如图 6.7 所示。

图 6.7　修复画笔工具属性栏

画笔：与污点修复画笔工具一样，单击下拉按钮 ，在弹出面板中可以设置画笔大小、硬度、间隔等。

模式：与污点修复画笔工具一样，可以选择多种混合模式，常用的为默认的"正常"模式。

源：该选项可以选择图像的复制方式，分为"取样"和"图案"两种。当选中"取样"时，可以从图像上取样，修改后的图像部分与取样点相同。当选择"图案"时，可以在其后方的图案下拉框中选择具体的图案，然后将光标置于需要修改的图像上，并执行涂抹操作，涂抹部分的图像会被图案覆盖，如图 6.8 所示。值得注意的是，选中"图案"后，无须再取样。

对齐：选中该选项后，会对像素进行连续取样，即使操作被停止，在修复过程中，取样点仍然可以从上次结束时的位置开始。取消选择，在修复过程中始终以一个取样点为开始点，重复开始复制图像。

样本：单击右侧的 按钮，可以在下拉框中选择样本。选中"当前图层"时，取样点为当前图层；选择"当前和下方图层"，取样点为当前与下方可见图层；选中"所有图层"时，则从所有可见图层取样。

(a) 原图　　　　　　　　　　(b) 选择"图案"修复后

图 6.8　图案

随堂随练»

使用修改画笔工具可以修复多种图像,去除图像中的污点或多余元素。本案例运用该工具,去除图像中的风力发电机。

【**step1**】　打开素材图 6-2.jpg,如图 6.9 所示。

【**step2**】　选中修复画笔工具,在工具属性栏中将画笔大小调整为 140 像素,硬度与其他参数使用默认值,属性栏具体设置如图 6.10 所示。

【**step3**】　将鼠标置于需要修改的图像上,按住 Alt 键的同时,单击鼠标左键,此时软件记录了取样点图像,如图 6.11 所示。

【**step4**】　将光标移动到图像上,按住鼠标左键的同时拖动鼠标,即可完成一次修复。重复 step3 的取样操作,再将鼠标置于需要修复的图像上,按住鼠标左键拖动,最终效果如图 6.12 所示。

图 6.9　打开素材

图 6.10　属性栏设置

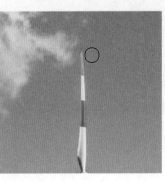

图 6.11　取样　　　　　　　　　　　　　　　　图 6.12　效果图

6.1.3 修补工具

在日常生活中,当衣服磨破后,可以从其他类似颜色与布料的布匹中剪切一部分,缝补到衣服的破洞位置。同样地,在 Photoshop 中,可以使用修补工具修复图像中的部分区域。

打开需要修补的图像,选中修补工具 ⬚,将光标置于图像中,此时光标的形状变为 ,按住鼠标左键框选需要修复的图形区域,如图 6.13 所示。松开鼠标后,框选的区域外形成闭合选区。

(a) 原图   (b) 框选修补区域

图 6.13 修补操作(1)

将光标置于选区中,按住鼠标左键并拖动到合适区域,松开鼠标,即可将选中区域中的图像替换为该合适区域中的图像,如图 6.14 所示。按 Ctrl+D 组合键取消选区。

(a) 形成的选区   (b) 拖曳   (c) 效果图

图 6.14 修补操作(2)

选中修补工具后,在工具属性栏中可以设置相关属性,如图 6.15 所示。

图 6.15 属性栏

选区创建方式:与选区工具的属性栏一样,在修补工具属性栏中的选区创建方式也分为新选区、添加到选区、从选区中减去、与选区交叉 4 种,具体含义与选区工具的相同。

修补：创建选区后，选中"源"选项，然后按住鼠标左键将选区拖曳到其他区域，松开鼠标后，原来的选区内图像被拖曳后的选区中图像替换。选中"目标"选项，原来的选区内图像会替换被拖曳后的选区中的图像，如图 6.16 所示。

(a) 原图　　　　　　　　　　(b) 选中"源"　　　　　　　　　(c) 选中"目标"

图 6.16　"源"与"目标"

透明：选中此选框，可以使修补的图像与原始图像产生透明的叠加效果。

使用图案：创建选区后，在图案选框中选择图案，单击"使用图案"，即可将选中的图案填充到选区中。

随学随练 »

利用修补工具可以将图像中的元素替换为图像内其他区域的元素。本案例将使用该工具，将图像中的人物去掉，通过本案例的练习，读者可以熟练掌握修补工具的基本操作。

【step1】　打开素材图 6-3.jpg，如图 6.17 所示。

【step2】　选中修补工具 █，按住鼠标左键沿着图中人物的外轮廓绘制修补区域，如图 6.18 所示。

图 6.17　打开素材　　　　　　　　　　　　　　图 6.18　绘制修补区域

【step3】　绘制完成后，将鼠标置于选区中，按住鼠标左键拖动到周围的合适区域，松开鼠标后，原来选区中的图像被拖曳到的区域覆盖，如图 6.19 所示。

【step4】　按 Ctrl＋D 组合键，取消选区，如图 6.20 所示。

图 6.19　修补操作　　　　　　　　　　　　图 6.20　效果图

6.1.4　内容感知移动工具

内容感知移动工具与修补工具类似。选中该工具后,先框选需要移动的部分,然后将鼠标置于选区中,按住鼠标左键拖动,即可将选中的部分移动到其他区域,原来的位置会自动填充成周围的图像,如图 6.21 所示。

(a) 框选　　　　　　　　　　　　　　　　(b) 移动后

图 6.21　内容感知移动工具(1)

除了以上功能外,内容感知移动工具还可以将框选的图像填充为其周围的像素。打开一张图像,选中内容感知移动工具,框选中需要覆盖的图像,按 Delete 键,然后在弹出的窗口的"内容"选项中选中"内容识别",单击"确定"按钮即可,如图 6.22 所示。

图 6.22　内容感知移动工具(2)

6.1.5　红眼工具

在暗光下拍摄的人物图像,很容易出现红眼的情况,使用红眼工具可以快速且简单地消除红眼。打开图像后,选中红眼工具 ,在属性栏中设置瞳孔大小和变暗亮,单击眼睛,即可消除红眼,如图 6.23 所示。

图 6.23　红眼工具

6.2　图章工具

在使用办公软件制作文档时,可以进行"复制""粘贴"操作,将一部分文档内容复制到其他位置。同样地,在 Photoshop 中,可以使用仿制图章工具复制图像中的某部分元素。本节将详细讲解仿制图章工具与图案图章工具的具体使用。

6.2.1　仿制图章工具

仿制图章工具可以快速地复制图像和修改图像中的缺陷。选中仿制图章工具 ,或按 S 键,然后将光标置于图像中的取样点位置,按住 Alt 键的同时,单击鼠标左键,即可完成对样本的拾取。移动光标至需要替换或修补的图像上,按住鼠标左键并涂抹,即可将拾取的样本粘贴到该位置,如图 6.24 所示。

(a) 原图　　　　　　　　　　　　　　(b) 效果图

图 6.24　仿制图章工具

选中仿制图章工具后,在工具属性栏中可以设置相关参数,如图 6.25 所示。

画笔预设:单击下拉按钮 ,可以设置画笔大小、硬度和笔尖样式。

切换"画笔设置"面板:与画笔工具属性栏中的此类按钮相同,可以设置画笔的具体样式。

图 6.25 仿制图章工具属性栏

切换"仿制源"面板：单击该按钮 ，可以设置相关参数，如图 6.26 所示。在该面板中，可以设置仿制源的位移、旋转等。

对齐：选中"对齐"选项，复制的图像会随着鼠标拖动的位置进行相同间隔的复制，如图 6.27 所示。选中仿制图章工具后，在属性栏中选中"对齐"选项，将光标置于"雪人"上，按 Alt 键取样，然后将光标移动到右侧，按住鼠标左键并拖动或连续单击，即可得到复制的"雪人"。

图 6.26 "仿制源"面板

不选择该选项，复制的图像则始终是取样点的部分，如图 6.28 所示。选中仿制图章工具，在属性栏中不选中"对齐"选项，完成取样后，连续单击，得到的图像全为取样点部分。值得注意的是，若按住鼠标左键拖曳，也可复制取样点周围的图像。

图 6.27 选中"对齐"选项

图 6.28 不选中"对齐"选项

仿制图章工具是 Photoshop 中一款十分强大和实用的工具，运用此工具不仅可以修复图像中的缺陷，还可以复制图像中的元素。本案例使用仿制图章工具去除图像中的水印。

【step1】　打开素材图 6-4.jpg,如图 6.29 所示。

【step2】　选中仿制图章工具,或按 S 键,在属性栏中选中"对齐"选项,画笔大小调整为
165 像素。将光标置于"千锋教育"logo 的周围,按住 Alt 键的同时,单击鼠标左键,即可完
成取样,如图 6.30 所示。

图 6.29　打开素材

图 6.30　取样

【step3】　将光标移动至取样点下方的"千锋教育"logo 上,单击鼠标左键,即可完成一
次复制操作,如图 6.31 所示。

【step4】　持续取样与复制操作,直到完全消除水印为止,如图 6.32 所示。

图 6.31　复制样本

图 6.32　效果图

6.2.2　图案图章工具

使用图案图章工具可以将选中的图案绘制到图像中。选中图案图章工具 ,可以在
工具属性栏中设置相关选项,如图 6.33 所示。

图 6.33　图案图章工具属性栏

观察发现,图案图章工具的属性栏与画笔工具属性栏类似,可以调整画笔大小、硬度、笔尖
形状,设置叠加模式和不透明度等。选中"对齐"选项后,可以保持图案与原始起点的一致性,
即使多次单击也不例外;不选中该选项,则每次单击鼠标,绘制的图案都相同,如图 6.34 所示。

值得注意的是,在"对齐"选项前,可以单击 按钮,在下拉框中选择图案样式,如图 6.35
所示。

(a) 选中"对齐"   (b) 不选中"对齐"

图 6.34   "对齐"选项效果

在图案选框中,单击 ⚙ 按钮,可以在弹出框中选择"新建图案""重命名图案""删除图案""载入图案""复位图案"等,如图 6.36 所示。在"替换图案"后,列出了许多典型的图案,可以将这些图案追加到图案选框中。

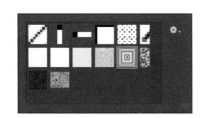

图 6.35   图案选框

图 6.36   图案设置

新建图案:在 Photoshop 中打开一幅图像,执行以上操作后,单击"新建图案"选项,即可将此图像定义为图案。除此种方法新建图案以外,还可以执行"编辑"→"定义图案"命令,将图像定义为图案。

删除图案:在图案选框中选中需要删除的图案,单击 ⚙ 按钮,在弹出框中选中"删除图案",即可将此图案删除。

复位图案:单击此选项后,弹出警示框,如图 6.37 所示。单击"确定"按钮,图案选框中将只有软件默认的图案,其他图案被删除;单击"追加"按钮,图案选框中不仅保留现有的图案,还会添加默认的图案。

载入图案:在网上下载的图案可以载入到 Photoshop 中。选中图案图章工具,在属性栏中单击图案下拉按钮,单击 ⚙ 按钮,选择"载入图案",在"载入"界面中选中下载的图案文件,单击"载入"按钮即可。

图 6.37　警示框

6.3　图像润饰工具

在 Photoshop 中,常用的图像润饰工具有模糊工具 、锐化工具 、涂抹工具 、减淡工具 、加深工具 、海绵工具 等,运用这些工具,可以使图片产生清晰或模糊、增亮或减暗的效果。本节将详细讲解以上 6 种工具的用法。

6.3.1　模糊工具

使用模糊工具可以使图像变得模糊不清,在实际运用中,经常使用该工具制作景深效果,虚化背景图像,从而突出主题内容。

选中模糊工具 ,可以在工具属性栏中设置相关选项,如图 6.38 所示。

图 6.38　模糊工具属性栏

在属性栏中,"画笔预设""切换'画笔设置'面板""模式"与画笔工具属性栏中的用法相同,在此不再赘述。"强度"用来控制笔触的强度,可以在输入框中输入强度值,或在下拉控制条拖动。选中"对所有图层取样"选项,可以使用所有可见图层中的数据进行模糊处理,取消选择该选项,则模糊工具只使用现有图层的数据。

设置好属性栏中的参数后,将光标置于图像中,按住鼠标左键涂抹,即可使被涂抹区域变得模糊,如图 6.39 所示。

(a) 原图　　　　　　　　　　　　　　　(b) 模糊后

图 6.39　模糊工具

6.3.2 锐化工具

与模糊工具相反,使用锐化工具在图像上涂抹,可以使模糊的图像变得相对清晰,如图 6.40 所示。使用该工具在图像中涂抹的次数越多,越能增强像素间的反差,从而使模糊的图像变得越清晰。

(a) 原图　　　　　　　　　　　　　(b) 锐化后

图 6.40　锐化工具

选中锐化工具 ▲ 后,可以在工具属性栏中设置相关选项,如图 6.41 所示。

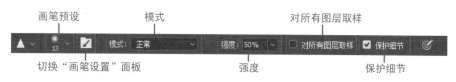

图 6.41　锐化工具属性栏

除了"保护细节"外,锐化工具属性栏与模糊工具属性栏一样,在此不再赘述。若选中"保护细节"选项,可以增强细节并使因像素化而产生的不自然感最小化。

6.3.3 涂抹工具

选中涂抹工具 ✋,按住鼠标左键拖动,即可将图像中的颜色按照拖动的方向展开,如图 6.42 所示。

选中涂抹工具,在工具属性栏中可以设置相关选项,如图 6.43 所示。选中"手指绘画"选项,可以在涂抹时添加前景色。

《随学随练》

使用涂抹工具可以使图像产生自然的过渡效果,从而使绘制的图像更加逼真。本案例结合选区工具、渐变工具和涂抹工具等工具绘制逼真的鸡蛋。

【step1】 新建尺寸为 1000 像素×700 像

图 6.42　涂抹工具

第 6 章

图像修复与润色

图 6.43　涂抹工具属性栏

素、分辨率为 72 像素/英寸的白色画布,将前景色设置为灰色,此处参考色值为♯d4d4d4,将背景图层填充为前景色,如图 6.44 所示。

　　【step2】　选中椭圆选框工具,绘制一个椭圆选框,将光标置于选框内,单击鼠标右键,在列表中选中变换选区,对选区进行变形和旋转操作,如图 6.45 所示。

图 6.44　新建画布

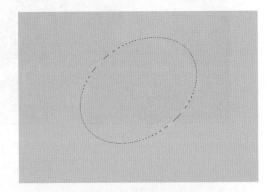

图 6.45　绘制选区

　　【step3】　新建空白图层,选中渐变工具,在渐变编辑器中设置渐变的颜色(色值从左至右分别为♯e4e1b4、♯ffa61a、♯f7eaca),然后绘制从左下角至右上角的渐变(角度大概为 20°),如图 6.46 所示。

　　【step4】　选中椭圆选框工具绘制椭圆选区,对选区进行自由变换(使椭圆边缘与上一步绘制的图像契合),新建空白图层,将选区填充为色值为♯e4d9af 的颜色,将该图层置于蛋壳图层的下层,删除多余图像,如图 6.47 所示。

图 6.46　填充选区

图 6.47　绘制壳底

【step5】 选中多边形套索工具,沿着蛋壳图像的边缘绘制多边形选区,然后按 Shift＋Ctrl＋I 组合键反选选区,按 Delete 键删除选区内的图像,制作蛋壳边缘的不规则裂缝效果,如图 6.48 所示。

【step6】 新建空白图层置于"蛋壳"图层的下层,将"蛋壳"图层载入选区,将前景色设置为白色,将选区填充白色,选中移动工具将该图层向右向下移动,如图 6.49 所示。

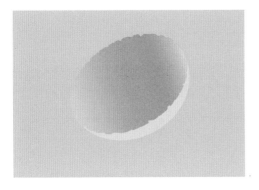

图 6.48　制作边缘效果

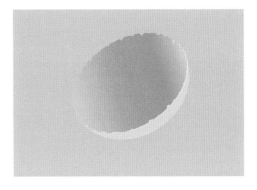

图 6.49　制作蛋壳厚度

【step7】 选中椭圆选框工具绘制正圆形选区,对该选区进行透视变换,然后对选区进行羽化,羽化值设置为 6 像素,如图 6.50 所示。

【step8】 新建一个空白图层,并将该图层移动到最上层,按 Ctrl＋Alt＋G 组合键将该空白图层剪贴到下层的"蛋壳"图层上,选中渐变工具,在渐变编辑器中设置渐变颜色(色块的色值从左至右分别为＃fc8b24、＃ffaa03、＃ffc411、＃fece22、＃fbb71c),然后将选区填充为渐变,如图 6.51 所示。

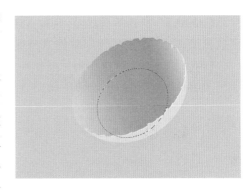

图 6.50　绘制选区

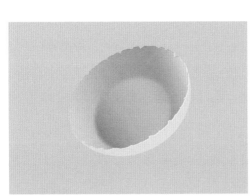

图 6.51　绘制蛋黄

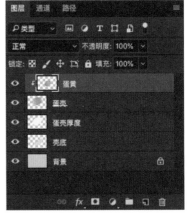

【step9】　新建空白图层,并将该图层置于"壳底"的上层,将该图层剪贴到下层图层上,将前景色设置为♯b99e7c,选中画笔工具,选择柔边缘画笔,不透明度设置为15%,流量设置为50%,沿着壳底边缘位置涂抹,如图6.52所示。

【step10】　新建空白图层,并将该图层置于"壳底"图层的下方,选中椭圆选框工具绘制椭圆,羽化该选区,羽化值设置为30像素,将该选区填充为黑色,降低该图层的不透明度,并对图像进行相应的变换操作,如图6.53所示。

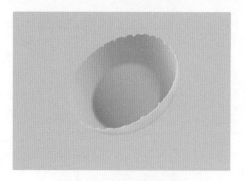

图6.52　绘制壳底阴影

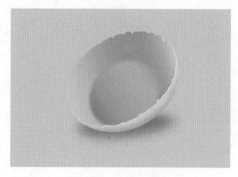

图6.53　绘制阴影

【step11】　新建空白图层,并将该图层置于"蛋黄"图层的下方,创建剪贴蒙版。选中椭圆选框工具,绘制椭圆,并对椭圆进行变形,如图6.54所示。

【step12】　对选区进行羽化操作,羽化值设置为4像素,将前景色设置为♯fba63a,填充选区为前景色,图层的不透明度设置为50%,如图6.55所示。

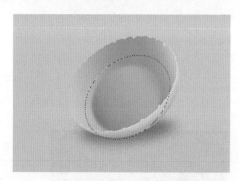

图6.54　绘制选区

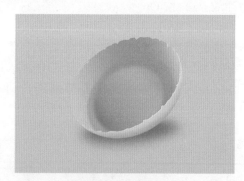

图6.55　绘制蛋清

【step13】　对蛋黄和蛋清进行变形操作,使这两个图像呈现重力的下垂效果,如图6.56所示。

【step14】　新建一个图层,并将该图层置于"蛋黄"图层的下方(自动剪贴到下方图层上),将"蛋黄"图层载入选区,设置羽化值为8像素,然后将前景色填充为♯f09128,填充该选区,使用移动工具,将该图像向下向左移动,如图6.57所示。

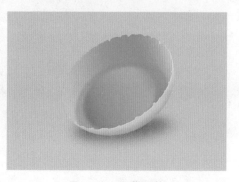

图6.56　细节调整

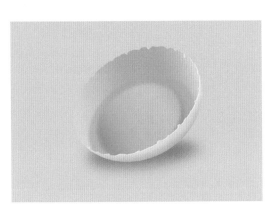

图 6.57　绘制蛋黄阴影

【step15】　新建空白图层置于顶层,选中椭圆选框工具,绘制椭圆选区,羽化值设置为5像素,对选区进行变形操作,然后将选区填充为白色,调整不透明度,如图 6.58 所示。

【step16】　新建空白图层,将前景色设置为白色,选中画笔工具,设置画笔笔尖为柔边缘画笔,调整画笔大小,然后在画布上单击,建立反光点,如图 6.59 所示。

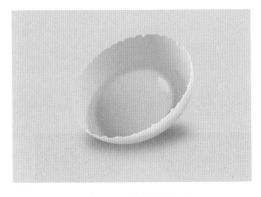

图 6.58　绘制蛋黄高光

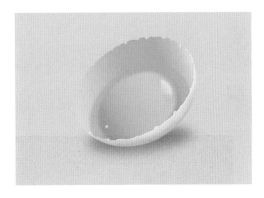

图 6.59　绘制高光点

【step17】　选中涂抹工具,将圆点进行涂抹,结合橡皮擦工具和图层不透明度,使反光效果更加自然,如图 6.60 所示。

【step18】　创建空白图层,使用画笔工具,再次绘制高光效果(注意:针对三条高光需分别建立三个图层),如图 6.61 所示。

【step19】　选中涂抹工具,对每条高光线进行涂抹,效果如图 6.62 所示。

【step20】　对图像进行细节调整,效果图如图 6.63 所示。

133

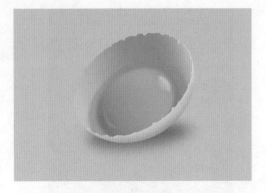

图 6.60　涂抹

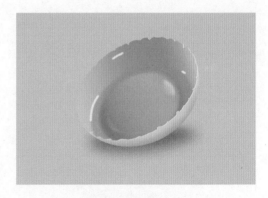

图 6.61　绘制高光

图 6.62　涂抹高光

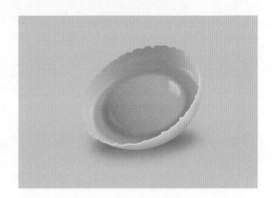

图 6.63　效果图

6.3.4　减淡工具

　　使用减淡工具,可以对图像的"亮光""阴影""中间调"分别进行减淡处理。选中减淡工具 ,或按 O 键,然后将光标置于图像上,按住鼠标左键涂抹,即可使被涂抹区域变亮,如图 6.64 所示。

(a) 原图

(b) 减淡后

图 6.64　减淡工具

选中减淡工具后,在工具属性栏中可以设置相关选项,如图 6.65 所示。在"范围"选项中,单击后方的 按钮,可以在下拉项目中选择"阴影""中间调"或"高光"。选择"阴影"选项时,可以更改暗部区域;选择"中间调"选项时,可以更改灰色的中间范围;选择"高光"选项时,可以更改亮部区域。

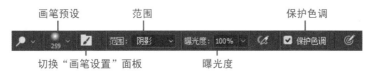

图 6.65　减淡工具属性栏

调整"曝光度"可以改变减淡的强度,选中"保护色调"选项,可以保护图像的色调不受影响。

6.3.5　加深工具

与减淡工具相反,使用加深工具可以对图像的"亮光""阴影""中间调"分别进行加深处理。选中加深工具,按住鼠标左键在图像中涂抹,即可使被涂抹区域的图像变暗,如图 6.66 所示。

(a) 原图　　　　　　　　　　　　　　　(b) 加深后

图 6.66　加深工具

选中加深工具后,在工具属性栏中可以设置相关选项,由于此属性栏与减淡工具的属性栏一样,所以在此不再赘述。

6.3.6　海绵工具

利用海绵工具可以增强或降低图像中某个区域的饱和度。选中海绵工具 ,在工具属性栏中设置相关参数与选项,如图 6.67 所示。设置好相关属性后,按住鼠标左键在图像中涂抹,即可改变被涂抹区域的饱和度。

图 6.67　海绵工具属性栏

图像修复与润色

模式：单击其后的下拉框，可以选择"去色"与"加色"。选择"去色"选项，可以降低图像的色彩饱和度；选择"加色"选项，可以增加图像的色彩饱和度，如图 6.68 所示。

(a) 原图   (b) 去色   (c) 加色

图 6.68 海绵工具

流量：数值越高，"海绵工具"的强度越大，效果越明显。

自然饱和度：选中该选项，可以改变图像过度饱和度而发生溢色。

小　　结

本章针对图像修复设置了三节，6.1 节讲解了修复工具，包括污点修复画笔工具、修复画笔工具、修补工具、内容感知移动工具和红眼工具。6.2 节详细介绍了图章工具，包括仿制图章工具和图案图章工具。6.3 节阐述了图像润饰工具的相关知识，详细介绍了模糊工具、锐化工具、涂抹工具、减淡工具、加深工具和海绵工具。通过本章学习，读者能够掌握图像修复与润色的各种工具，具备修复和美化图像的技能。

习　　题

1. 填空题

(1) 污点修复画笔工具的快捷键为_____。

(2) 使用修复画笔工具时，需要按住_____键对图像进行取样。

(3) 仿制图章工具的快捷键为_____。

(4) 执行_____命令，可以将图像定义为图案。

(5) 图像润饰工具包括_____、_____、涂抹工具、_____、_____、海绵工具等。

2. 选择题

(1) 在 Photoshop 中，可以使用（　　）消除人物照片的红眼。

    A. 红眼工具   B. 污点修复画笔工具

    C. 修补工具   D. 仿制图章工具

(2) 在 Photoshop 中，可以使用（　　）使照片产生景深效果。

    A. 涂抹工具   B. 减淡工具   C. 加深工具   D. 模糊工具

(3) 使用海绵工具可以调整图片的（　　）。

    A. 清晰度   B. 饱和度   C. 明亮度   D. 色值

（4）以下哪种修复工具需要在修复前取样？（   ）

    A. 污点修复画笔工具　　　　　　　　　B. 内容感知移动工具

    C. 修复画笔工具　　　　　　　　　　　D. 红眼工具

（5）减淡工具的快捷键是（   ）。

    A. O　　　　　　　　　B. E　　　　　　　　　C. A　　　　　　　　　D. B

3. 思考题

（1）简述仿制图章工具的使用方法。

（2）简述制作图片景深的步骤。

4. 操作题

打开素材图 6-1.jpg，使用模糊工具将周围的图像虚化，以突出图像中的"兔子"，如图 6.69 所示。

图 6.69　素材图 6-1.jpg

第7章 颜色与色调调整

视频讲解

本章学习目标:
- 熟练掌握色彩的相关知识。
- 掌握图像矫正的相关方法。
- 掌握常用的调整命令。

在日常生活中,用手机拍照已经成为一种大众行为,但是有些手机无法像相机一样在拍照前调整光影参数,因此这些照片可能无法呈现出最好的光影和色彩效果,使用 Photoshop 的相关操作可以校正色彩。本章将详细讲解色彩调整的相关操作,通过本章学习,读者能够熟练掌握颜色与色彩调整的技巧。

7.1 调色基础

7.1.1 改变颜色模式

在第 1 章中已经提及图像的颜色模式,在 Photoshop 中,可以将颜色模式设置为位图模式、灰度模式、双色调模式、索引模式、RGB 模式、CMYK 模式、Lab 模式等。执行"图像"→"模式"命令,可以在弹出的二级菜单中选择图像的颜色模式,如图 7.1 所示。

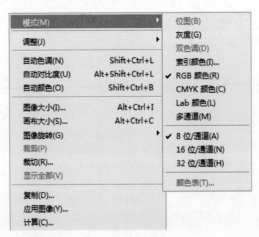

图 7.1 颜色模式

不同的颜色模式适用于不同的应用场合,RGB 颜色模式应用于电子屏幕,CMYK 模式是印刷品的专用模式,Lab 颜色模式是色域最丰富的色彩模式,各种颜色模式的对比效果如图 7.2 所示。

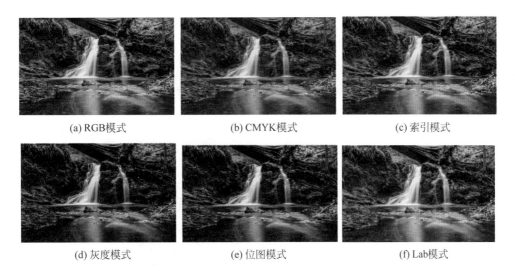

(a) RGB模式   (b) CMYK模式   (c) 索引模式

(d) 灰度模式   (e) 位图模式   (f) Lab模式

图 7.2　颜色模式

值得注意的是,在 Photoshop 中,若要将图像的颜色模式切换为位图或双色调模式,需要先将图像模式切换为灰度模式。

7.1.2　调色方法

在 Photoshop 中,可以通过两种方法调整图像色彩。一种方法是通过执行"图像"→"调整"命令来调整图像色彩,如图 7.3 所示。值得注意的是,通过这种方式调整图像后,不可以再次修改调色命令的参数。

图 7.3　"调整"命令

第7章

颜色与色调调整

另一种方法是通过建立调整层来调整整个图像或某一图层的色彩,如图 7.4 所示。双击调整层前的 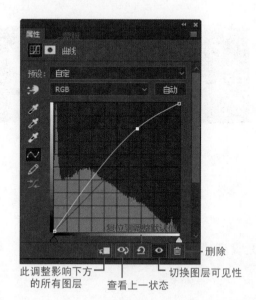 图案,可以修改此调整命令的参数。由于调整层属于一种图层,因此可以隐藏、删除调整层,也可以改变调整层的不透明度、混合样式等。

选中某一个调整层,执行"窗口"→"属性"命令,可以在"属性"面板中设置相关参数,如图 7.5 所示。

图 7.4 调整层

图 7.5 调整层"属性"面板

此调整影响下方的所有图层 ：单击此按钮,可以使该调整层只改变其下面的第一个图层。

查看上一状态 ：单击此按钮,可以在文档窗口中查看图像的上一个调整效果。

复位到调整默认值 ：单击此按钮,可以将调整参数恢复到默认值。

切换图层可见性 ：单击此按钮,可以隐藏或显示该调整图层。

删除 ：单击该按钮,可以删除当前调整图层。

蒙版 ：单击此按钮,即可进入蒙版设置面板。

7.2 快速调整图像色彩

在 Photoshop 中,有许多可以快速调整图像色彩的命令,包括自动色调、自动对比度、自动颜色,如图 7.6 所示。使用这些快速调整命令可以简单快捷地调整图像的色彩,纠正图像中的色偏或增加图像色彩的对比度。

7.2.1 自动色调

单击"图像"菜单,可以在下拉菜单中选择"自动色调"命令。选择该命令后,软件会自动识别图像中的阴影、中间调和高光，并重新调整图像中的色彩，增加颜色的对比度。

打开一张图像，执行"图像"→"自动色调"命令，图像效果如图 7.7 所示。

7.2.2 自动对比度

单击"图像"菜单，可以在下拉菜单中选择"自动对比度"命令。选中该命令后，系统会自动对图像的对比度进行分析，并将黑白两种色调映射到图像中最亮和最暗的区域，从而增强图像的对比度，使图像中的亮部更亮、暗部更暗。

打开一张图像，执行"图像"→"自动对比度"命令，图像效果如图 7.8 所示。

模式(M)	▶
调整(J)	▶
自动色调(N)	Shift+Ctrl+L
自动对比度(U)	Alt+Shift+Ctrl+L
自动颜色(O)	Shift+Ctrl+B
图像大小(I)...	Alt+Ctrl+I
画布大小(S)...	Alt+Ctrl+C
图像旋转(G)	▶
裁剪(P)	
裁切(R)...	
显示全部(V)	
复制(D)...	
应用图像(Y)...	
计算(C)...	

图 7.6　快速调整命令

(a) 原图　　　　　　　　　　　(b) 调整后

图 7.7　自动色调

(a) 原图　　　　　　　　　　　(b) 调整后

图 7.8　自动对比度

7.2.3 自动颜色

单击"图像"菜单，可以在下拉菜单中选择"自动颜色"命令。选中该命令后，软件会自动识别图像中的色相，并对图像中的色相进行自动调整，从而消除图像中的色偏。

打开一张图像,执行"图像"→"自动颜色"命令,图像效果如图 7.9 所示。

(a) 原图   (b) 调整后

图 7.9   自动颜色

7.3   调整图像明暗

在 Photoshop 中,可以通过相关命令调整图像的明暗对比,执行"图像"→"调整"命令,在下拉选项中可以选择"亮度/对比度""色阶""曲线""曝光度""阴影/高光"选项,如图 7.10所示,这些命令都能调整图像的明暗。

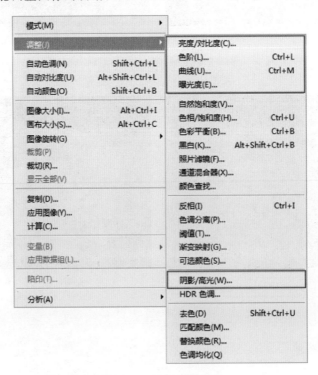

图 7.10   调整明暗选项

7.3.1 亮度/对比度

执行"图像"→"调整"→"亮度/对比度"命令,可以调整图片的明暗程度,矫正图像发灰的问题。执行该命令后,可以在弹出框中设置具体参数,如图7.11所示。

亮度:用来调整图像的整体亮度,数值为正时,表示增加亮度,数值为负时,表示降低亮度,如图7.12所示。

对比度:调整图片明暗对比的强度,当数值为正时,可以使图片的对比更加强烈,当数值为负时,可以弱化图像的明暗对比,如图7.13所示。

图7.11 亮度/对比度

(a)原图   (b)亮度为正值   (c)亮度为负值

图7.12 亮度

(a)原图   (b)对比度为正值   (c)对比度为负值

图7.13 对比度

值得注意的是,通过以上方法调整图像的亮度与对比度,无法再次修改相关参数,使用调整层可以再次编辑相关参数。先在"图层"面板下方单击"新建调整层"按钮 ,在弹出的选项列表中选择"亮度/对比度"后,进入参数设置面板调整相关参数,如图7.14所示。关闭此浮动窗口后,双击该调整层前的 ,即可再次进入设置参数设置面板改变相关参数。

7.3.2 色阶

"色阶"命令可以调整图片的中间调、高光、阴影的强度级别,使图像变亮或变暗。也可通过选中某一通道,单独调整这一通道的色调。

执行"图像"→"调整"→"色阶"命令,或按Ctrl+L组合键,即可打开"色阶"设置对话框,如图7.15所示。

图 7.14　调整层"属性"面板

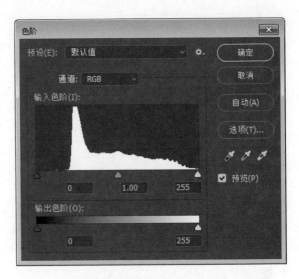

图 7.15　色阶

预设：单击后方的下拉按钮 ，在下拉列表中选择某一种预设选项，即可调整图像为该预设效果，如图 7.16 所示。"默认值"即为未调整时的色阶参数，"自定"为自定义色阶参数。

(a) 预设选项　　　　　　　(b) 原图　　　　　　　(c) 增加对比度3

图 7.16　预设

通道：单击后方的下拉按钮 ，可以在列表中选择 RGB、"红""绿""蓝"4 种通道中的任意一项，如图 7.17 所示。选中一个通道后，拖动"输入色阶"或"输出色阶"中的滑块，即可调整当前通道的颜色。

(a) 通道选项　　　　　　　(b) 原图　　　　　　　(c) 调整后

图 7.17　通道

输入色阶："输入色阶"直方图底部有三个滑块,分别代表高光(右侧滑块)、中间调(中间滑块)和阴影(左侧滑块),通过拖动三个滑块的位置或在输入框中输入数值,即可调整图片的明暗关系。若将滑块向左侧移动,图中亮部区域增加,若将滑块向右侧移动,图中暗部区域增加,如图7.18所示。

(a) 原图   (b) 向左移动   (c) 向右移动

图 7.18　输入色阶

输出色阶:拖动滑块或在输入框中输入数值,即可改变图像的高光或阴影范围,从而降低对比度,如图7.19所示。

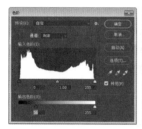

(a) 输出色阶   (b) 原图   (c) 调整后

图 7.19　输出色阶

自动:单击该按钮,软件可以自动调整图像的色阶,从而达到矫正图像颜色的目的。

值得注意的是,这种通过执行"图像"→"调整"→"色阶"命令改变图像色彩的方式,无法对"色阶"中的参数进行重复编辑。使用调整层可以重复修改相关参数。先在"图层"面板中单击"新建调整层"按钮,然后在列表中选择"色阶"选项,在"色阶"的"属性"面板中设置相关参数即可,如图7.20所示。

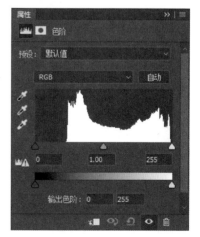

图 7.20　调整层"属性"面板

随学随练》

在 Photoshop 中,使用"色阶"命令可以调整高光、阴影、中间调的范围,以达到调整图像明暗的目的。本案例运用"色阶"命令,通过调整相关参数值,使图像增强明暗对比。

【step1】　打开素材图 7-1.jpg,如图 7.21 所示。

【step2】　执行"图像"→"调整"→"色阶"命令,弹出"色阶"设置面板,如图 7.22 所示。

颜色与色调调整

图 7.21 打开素材

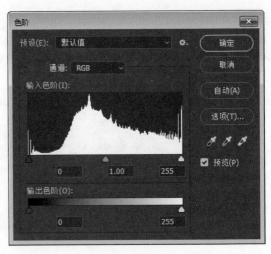

图 7.22 "色阶"设置面板

【step3】 通道选择 RGB，调整输入色阶中的最左侧滑块，使之右移到数值为 50 的位置，如图 7.23 所示。

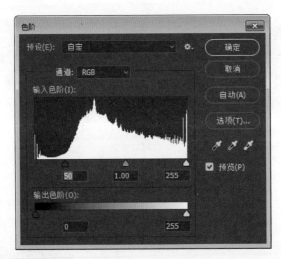

图 7.23 调整滑块

【step4】 单击"确定"按钮后，效果图如图 7.24 所示。

(a) 原图

(b) 调整后

图 7.24 效果图

7.3.3　曲线

"曲线"命令与"色阶"的功能一样,都是用来调整图像的明暗度的,由于使用"曲线"命令可以调整每个控制点,因此该命令可以更加精确地调整图像的明暗对比。

执行"图像"→"调整"→"曲线"命令,或按 Ctrl＋M 组合键,即可打开"曲线"设置对话框,如图 7.25 所示。

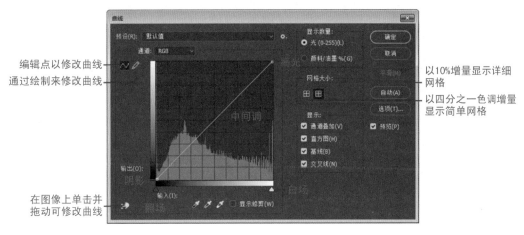

图 7.25　"曲线"设置对话框

预设:单击后方的下拉按钮 ，可以在下拉列表中选择某一种预设选项,即可调整图像为该预设效果,如图 7.26 所示。

(a) 预设选项　　　　　　　(b) 原图　　　　　　　(c) 增强对比度

图 7.26　预设

通道:在该下拉列表中可以选择 RGB、"红""绿""蓝"4 种通道中的任意一项,通过改变曲线对该通道的色调进行调整。

编辑点以修改曲线 :单击该按钮,然后在曲线上单击,可以建立新的控制点,拖曳控制点可以改变曲线的形态,从而调整图像的色调,如图 7.27 所示。

通过绘制来修改曲线 :单击该按钮,然后将光标置于曲线上,按住鼠标左键拖曳,即可绘制曲线,然后单击 按钮,即可显示所绘制曲线的控制点,如图 7.28 所示。

在图像上单击并拖动可修改曲线 :选中该选项后,将光标置于图像中,光标变为吸管状,并且曲线上出现小圆圈,在图像上单击并拖曳可以添加控制点并调整图像的色调,如图 7.29 所示。

颜色与色调调整

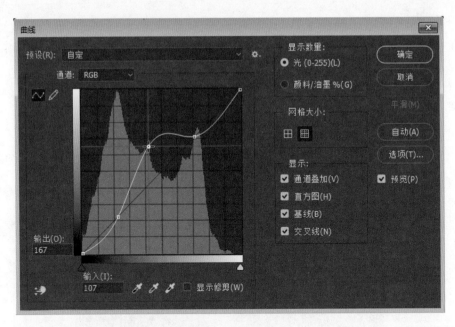

图 7.27　拖曳控制点

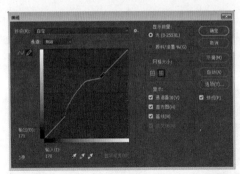

(a) 绘制曲线

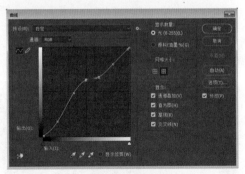

(b) 显示绘制点

图 7.28　绘制曲线

(a) 原图

(b) 调整后

图 7.29　在图像上单击并拖动修改曲线

输入/输出："输入"代表默认的色值，"输出"代表调整后的色值。

在 Photoshop 中，使用"曲线"命令可以调整图像的明暗对比度，从而使图像更加鲜明。本案例运用"曲线"命令调整图像的对比度，使图像增强明暗对比。

【step1】 打开素材图 7-2.jpg，如图 7.30 所示。

图 7.30　打开素材

【step2】 执行"图像"→"调整"→"曲线"命令，将光标置于曲线上，单击建立控制点，如图 7.31 所示。

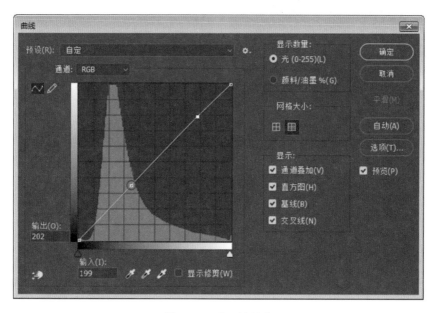

图 7.31　建立控制点

【step3】 将光标置于两个控制点之间的曲线上，按住鼠标左键并向外拖动，图像的色调跟随着拖动的程度而变化，如图 7.32 所示。

【step4】 单击"确定"按钮后，效果图如图 7.33 所示。

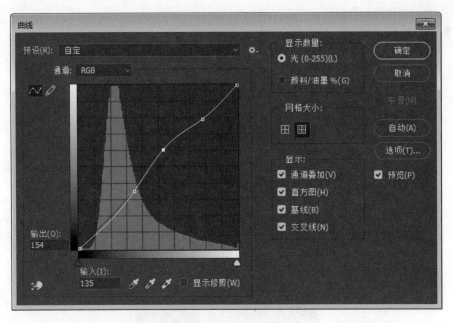

图 7.32　曲线变换

(a) 原图　　　　　　　　　　　　　(b) 调整后

图 7.33　效果图

7.3.4　曝光度

　　拍摄照片时,可能会因为曝光过度而使图片偏白,或因曝光不足而使照片偏暗,如图 7.34 所示。使用 Photoshop 中的"曝光度"命令可以解决照片曝光过度和曝光不足的问题,本节将详细讲解该工具的使用。

　　执行"图像"→"调整"→"曝光度"命令,即可打开"曝光度"设置对话框,如图 7.35 所示。

　　预设:单击后方的下拉按钮 ,可以在下拉列表中选择"减 1.0""减 2.0""加 1.0""加 2.0"。选择"减 1.0"与"减 2.0"选项可以减少曝光度,使图像变暗;选择"加 1.0"与"加 2.0"选项可以增加曝光度,使图像变亮,如图 7.36 所示。

(a) 曝光过度   (b) 曝光不足   (c) 曝光正常

图 7.34   曝光度对比

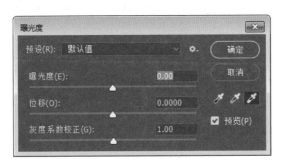

图 7.35   曝光度

(a) 原图   (b) 减1.0   (c) 加1.0

图 7.36   预设

曝光度：控制图像的曝光度，向右拖动滑块或在输入框中输入正值，可以增加图像的曝光度，向左拖动滑块或在输入框中输入负值，可以减小图像的曝光度。

位移：该选项主要用来调整阴影与中间调，对高光基本不产生影响。

灰度系数矫正：滑动滑块或者在输入框中输入数值，可以调整图像的灰度系数。

随学随练 »

使用"曝光度"命令可以调整图像的曝光度，矫正图片曝光过度或曝光不足的缺陷。本案例使用该项命令调整图像的曝光度。

第7章

颜色与色调调整

【**step1**】 打开素材图 7-3.jpg，如图 7.37 所示。

图 7.37　打开素材

【**step2**】 执行"图像"→"调整"→"曝光度"命令，在"曝光度"设置面板中，调整曝光度为 2，如图 7.38 所示。

图 7.38　设置曝光度

【**step3**】 单击"确定"按钮后，效果图如图 7.39 所示。

图 7.39　效果图

7.3.5 阴影/高光

使用"阴影/高光"命令可以分别调整图像中的阴影和高光,常用于还原图像中因阴影区域过暗或高光区域过亮而造成的损失。本节将详细讲解"阴影/高光"命令的使用。

执行"图像"→"调整"→"阴影/高光"命令,即可打开"阴影/高光"命令设置面板,选中该面板左下方的"显示更多选项"复选框,即可显示该命令的全部选项,如图 7.40 所示。

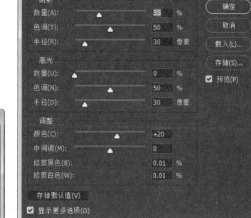

图 7.40 阴影/高光

阴影:"数量"是用来控制阴影的亮度的,值越大,阴影区域就越亮。"色调"选项用来控制色调的修改范围,值越小,修改的范围就只针对较暗的区域。"半径"选项用来控制每个像素周围的局部相邻像素的大小,如图 7.41 所示。

(a)"数量"为65%　　　　　　　　　　(b)"数量"为0%

图 7.41 阴影

高光:"数量"用来控制高光区域的暗度,数值越大,高光区域越暗。"色调"选项用来控制色调的修改范围,数值越大,修改的范围就只针对较亮的区域,如图 7.42 所示。

调整:"颜色"选项用来调整已修改区域的颜色,"中间调"用来调整中间调。

随学随练 »

使用"阴影/高光"命令可以分别调节图像中的阴影与高光,本案例使用该命令实现图像

153

第7章

颜色与色调调整

(a) "数量"为0%   (b) "数量"为50%

图 7.42　高光

的调整与美化。

【step1】　打开素材图 7-4.jpg,如图 7.43 所示。

【step2】　执行"图像"→"调整"→"阴影/高光"命令,勾选弹出面板左下角的"显示更多选项"复选框,进入该命令的详细设置面板,如图 7.44 所示。

【step3】　调整"阴影"中的"数量"为 0%,"高光"中的"数量"为 18%,"色调"为 68%,"调整"中的"颜色"修改为 0,如图 7.45 所示。

【step4】　单击"确定"按钮后,效果图如图 7.46 所示。

图 7.43　打开素材

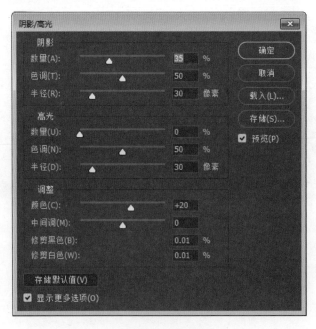

图 7.44　阴影/高光

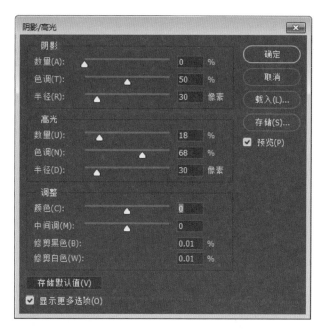

图 7.45　参数修改

图 7.46　效果图

7.4　调整图像色彩

在 Photoshop 中,可以通过相关命令调整图像的色彩,执行"图像"→"调整"命令,在下拉选项中可以选择"自然饱和度""色相/饱和度""色彩平衡""黑白""照片滤镜"等选项,如图 7.47 所示,这些命令都能调整图像的颜色。

7.4.1　自然饱和度

执行"图像"→"调整"→"自然饱和度"命令,可以在调整图像饱和度的同时,有效防止溢色现象,使图像达到理想效果。执行该命令后,可以在弹出框中设置具体参数,如图 7.48 所示。

图 7.47　调整颜色选项　　　　　　　　　　　　图 7.48　"自然饱和度"设置面板

　　自然饱和度：拖动滑块或在输入框中输入数值，即可设置"自然饱和度"的参数。向右拖动滑块或输入正值，可以增加颜色的饱和度；向左拖动滑块或输入负值，可以减小颜色的饱和度，如图 7.49 所示。

(a) 自然饱和度为−50%　　　　　　　　　　　　　(b) 自然饱和度为40%

图 7.49　自然饱和度

　　饱和度：拖动滑块可以调整图像中所有颜色的饱和度，向左拖动滑块或在输入框中输入负值，可以减小图片的饱和度，向右拖动滑块或在输入框中输入正值，可以增加图片的饱和度，如图 7.50 所示。

(a) 饱和度为–50%　　　　　　　　　　　　　(b) 饱和度为50%

图 7.50　饱和度

7.4.2　色相/饱和度

使用"色相/饱和度"命令,可以调整整个图像或单独调整某一颜色的色相、饱和度与明度,本节将详细讲解该命令的使用。

执行"图像"→"调整"→"色相/饱和度"命令,或按 Ctrl＋U 组合键,可以在弹出的面板中设置相关参数,如图 7.51 所示。

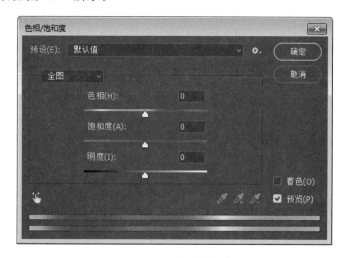

图 7.51　色相/饱和度

预设:单击后方的下拉按钮 ,可以在下拉列表中选择某一种预设选项,即可调整图像为该预设效果,如图 7.52 所示。

通道下拉列表 全图 :单击后方的下拉按钮 ,可以在下拉列表中选择"全图""红色""黄色""绿色""青色""蓝色"和"洋红"。选择完通道后,拖动色相、饱和度和明度的滑块,即可改变该通道的颜色,如图 7.53 所示。

色相:在文本框中输入参数或拖动滑块,即可改变图像的色相。

饱和度:在文本框中输入参数或拖动滑块,即可调整图像的饱和度。向右拖动可以增加图像的饱和度,向左拖动可以减小图像的饱和度。

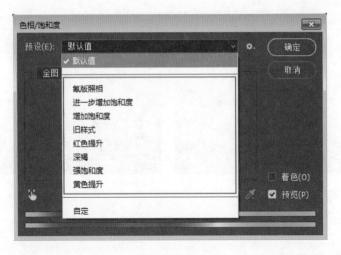

图 7.52　预设

(a) 原图　　　　　　　　(b) 调整后　　　　　　　(c) 参数设置

图 7.53　通道选择

明度：在文本框中输入参数或拖动滑块，即可调整图像的明度。向右拖动可以增加图像的明度，向左拖动可以减小图像的明度。

着色：勾选该选项，可以将图像转换为只有一种颜色的单色图像，调整色相、饱和度和明度可以更改图像的颜色，如图 7.54 所示。

(a) 原图　　　　　　　　　　　　　　(b) 选中"着色"后

图 7.54　着色

7.4.3 色彩平衡

使用"色彩平衡"命令,可以调整图像的偏色,从而使图像的色彩达到平衡,本节将详细讲解该命令的用法。

执行"图像"→"调整"→"色彩平衡"命令,或按 Ctrl+B 组合键,可以在弹出的面板中设置相关参数,如图 7.55 所示。

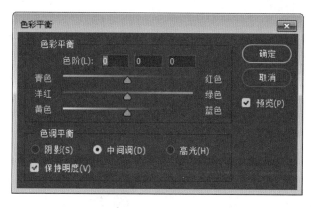

图 7.55 色彩平衡

色彩平衡:可以调整"青色-红色""洋红-绿色""黄色-蓝色"这三对互补色的比例,拖动每组互补色中间的滑块,即可调整图像的色彩平衡。在 Photoshop 中打开一张偏红的图片,如图 7.56(a)所示,执行"图像"→"调整"→"色彩平衡"命令,向右滑动"洋红-绿色"中间的滑块,得到调整后的图片,如图 7.56(c)所示。

(a) 原图

(b) 参数调整

(c) 调整后

图 7.56 色彩平衡

色调平衡:默认选中的为"中间调",还可以选择"阴影"和"高光",以此控制色彩平衡调整的区域。

随堂随练》

使用"色彩平衡"命令可以纠正图像的偏色现象,从而达到色彩平衡,本案例使用该命令调整图像的偏色。

【step1】 打开素材图 7-5.jpg,如图 7.57 所示。

图 7.57 打开素材

【step2】 观察发现素材图的色彩偏青色,执行"图像"→"调整"→"色彩平衡"命令,向右拖动青色-红色中间的滑块,如图 7.58 所示。

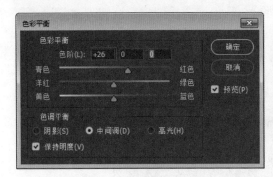 

(a) 调整青色　　　　　　　　　　　　　　(b) 效果图

图 7.58　减少青色

【step3】 调整后的图像偏蓝色,向左拖动"黄色-蓝色"中间的滑块,如图 7.59 所示。

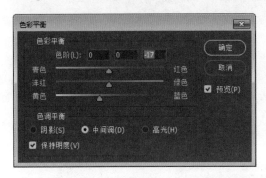 

(a) 调整蓝色　　　　　　　　　　　　　　(b) 效果图

图 7.59　减少蓝色

7.4.4　黑白

使用"黑白"命令,不仅可以将彩色图片转换为黑白图像,而且可以为黑白图片着色,本节将详细讲解该命令的用法。

执行"图像"→"调整"→"黑白"命令,或按 Shift+Ctrl+Alt+B 组合键,可以在弹出的面板中设置相关参数,如图 7.60 所示。

预设:单击后方的下拉按钮 ,可以在下拉列表中选择某一种预设选项,即可调整图像为该预设效果,如图 7.61 所示。

颜色:在该面板中可以调整 6 种颜色的灰色调,向右拖曳滑块可以使灰色调变亮,向左拖动滑块可以使灰色调变暗,如图 7.62 所示。

色调:勾选"色调"前的复选框,可以为黑白图像着色,使之变成单一颜色的图像,拖曳"色调"和"饱和度"的滑块,可以调整色调,如图 7.63 所示。

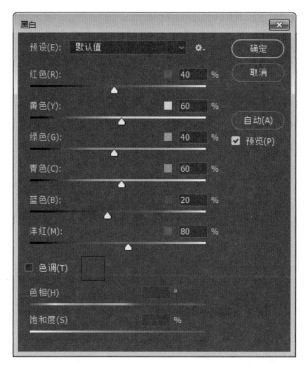

图 7.60 "黑白"面板

图 7.61 预设

161

第7章

颜色与色调调整

图 7.62　颜色

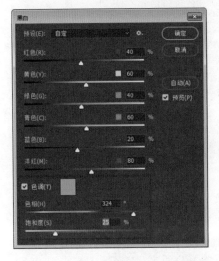

图 7.63　色调

7.4.5　照片滤镜

使用"照片滤镜"命令，可以为图像添加彩色滤镜效果，本节将详细讲解该命令的使用。打开一张图像，执行"图像"→"调整"→"照片滤镜"命令，可以在弹出的面板中设置相关参数，如图 7.64 所示。

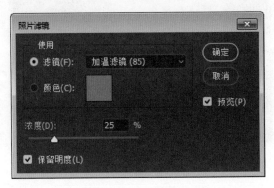

图 7.64　照片滤镜

滤镜：先在"使用"栏中选中"滤镜"，然后在下拉列表中选择某一种预设选项，即可调整图像为该预设效果，如图 7.65 所示。

(a) 原图   (b) 冷却滤镜

图 7.65　滤镜

颜色：在"使用"栏中选中"颜色"，单击后方的正方形色块，在弹出的拾色器中设置所需颜色，即可为图像添加该颜色的滤镜，如图 7.66 所示。

(a) 原图   (b) 调整"颜色"

图 7.66　颜色

浓度：拖动控制条上的滑块，即可改变滤镜的强度。向右拖动滑块可以增加滤镜的强度，向左拖动滑块可以减小滤镜的强度。

7.4.6　可选颜色

使用"可选颜色"命令，可以更改图像中每个主要原色成分中的印刷色数量，达到调整图像色彩的效果，本节将详细讲解该命令的用法。

执行"图像"→"调整"→"可选颜色"命令，可以在弹出的面板中设置相关参数，如图 7.67 所示。

颜色：可以在"颜色"下拉列表中选择需要修改的颜色，然后滑动下方的青色、洋红、黄色和黑色控制条上的滑块，即可改变这 4 种颜色在所选

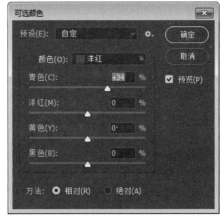

图 7.67　可选颜色

颜色与色调调整

颜色中的比例,如图 7.68 所示。

(a) 原图　　　　　　　　　　　　　　　　(b) 调整黄色

图 7.68　颜色

7.4.7　去色

　　使用"去色"命令,可以将图像中的色彩去掉,使之变为灰度图像。打开一张图像后,执行"图像"→"调整"→"去色"命令,或按 Shift＋Ctrl＋U 组合键,即可将该图像变为灰度图像,如图 7.69 所示。

(a) 原图　　　　　　　　　　　　　　　　(b) 去色后

图 7.69　去色

7.4.8　匹配颜色

　　使用"匹配颜色"命令,可以将一个图像作为源图像,另一个图像作为目标图像,然后将目标图像的颜色匹配为源图像的颜色,本节将详细讲解该命令的用法。

　　打开两张图像,将目标图像切换为当前窗口,执行"图像"→"调整"→"匹配颜色"命令,在弹出的"匹配颜色"面板中设置相关参数,如图 7.70 所示。

　　源:在下拉列表中选择一个文件作为源图像,此时目标图像的颜色已发生变化,如图 7.71 所示。

　　图像选择:根据需要可以调整匹配颜色的明亮度、颜色强度和渐隐的参数。调整明亮度可以控制匹配颜色的明暗,颜色强度可以调整图像的饱和度,渐隐可以调整目标图像的颜色匹配源图像的多少,如图 7.72 所示。

(a) 源图像

(b) 目标图像

(c) 设置面板

图 7.70 匹配颜色

图 7.71 选中源图像

(a) 图像选择设置

(b) 调整后

图 7.72 效果图

颜色与色调调整

7.4.9 替换颜色

使用"替换颜色"命令,可以调整图像中选中区域的色相、饱和度和明度,本节将详细讲解该命令的使用。

执行"图像"→"调整"→"替换颜色"命令,可以在弹出的面板中设置相关参数,如图 7.73 所示。

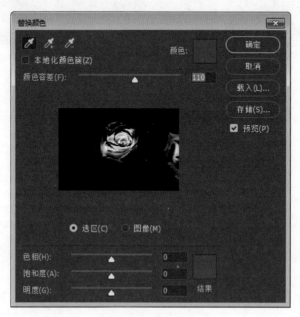

图 7.73 替换颜色

吸管 ：选中该吸管,然后在图像中单击需要替换颜色的区域,此时在选区缩览图中可以看到选中的区域,白色代表选中的颜色区域,黑色代表未选中的颜色区域。单击 按钮,然后在图像中单击,可以加选颜色区域;单击 按钮,然后在图像中单击,可以减选颜色区域。

本地化颜色簇:勾选该复选框,可以选中图像中的多种颜色,从而同时改变这些颜色的色相、饱和度等。如图 7.74 所示,执行"图像"→"调整"→"替换颜色"命令,勾选"本地化颜色簇"复选框,选中吸管 ,在图像上单击黄色区域,然后选中 ,在图像上单击红色,观察选区缩览图可以发现这两种颜色都选中了。

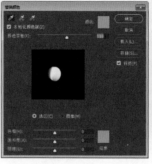
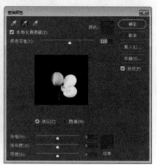

(a) 原图   (b) 选中黄色   (c) 选中红色

图 7.74 本地化颜色簇

颜色容差：向右拖动滑块可以增加容差，从而使选中颜色的区域变大；向左拖动滑块可以减小容差，从而使选中颜色的区域变小，如图 7.75 所示。

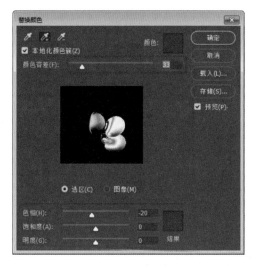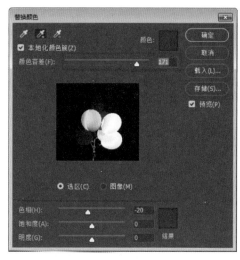

图 7.75　颜色容差

色相：单击后方的色块，在弹出的拾色器中设置需要的颜色，或直接拖动"色相"控制条上的滑块，即可改变选区中的白色所对应的图像颜色，如图 7.76 所示。

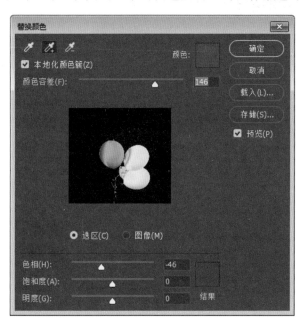

图 7.76　色相

饱和度与明度：拖动滑块可以调整选定颜色的饱和度与明度。

随学随练 »

使用"替换颜色"命令可以更改图像中选定的颜色，本案例使用该命令调整图像的选定颜色。

【step1】 打开素材图 7-6.jpg，如图 7.77 所示。

【step2】 执行"图像"→"调整"→"替换颜色"命令，弹出"替换颜色"设置面板，选中吸管 ，在图像中单击热气球上的粉红色区域，此时选区显示选中图像中的所有粉红区域，颜色容差调整为170，如图 7.78 所示。

【step3】 在"替换颜色"面板中，单击"色相"后的色块，在拾色器中设置颜色色值为 25d141，或直接在"色相"后的文本输入框中输入 160，此时图像中的粉色区域变为绿色，如图 7.79 所示。

图 7.77 打开素材

图 7.78 替换颜色

图 7.79 效果图

7.5 其他色彩调整命令

在 Photoshop 中，提供了几种特殊的色彩调整命令，如反相、色调分离、阈值、渐变映射等，本节将详细讲解"反相"与"渐变映射"命令的使用。

7.5.1 反相

使用"反相"命令，可以制造负片效果。先打开一张图像，执行"图像"→"调整"→"反相"命令，或按 Ctrl+I 组合键，即可制造出负片效果，如图 7.80 所示。再次执行"图像"→"调整"→"反相"命令，即可恢复到原图状态。

(a) 原图　　　　　　　　　　　(b) 反相后

图 7.80　反相

7.5.2 渐变映射

使用"渐变映射"命令，可以直接将设置的渐变颜色运用到图像中。先打开一张图像，然后执行"图像"→"调整"→"渐变映射"命令，可以在弹出的设置面板中调整相关参数，如图 7.81 所示。

图 7.81　渐变映射

灰度映射所用的渐变：单击色彩条，可以弹出"渐变编辑器"窗口，在此窗口中自定义设置渐变颜色，如图 7.82 所示。

仿色：勾选"仿色"，渐变映射会随机添加杂色来平滑渐变效果。

反向：勾选该选框后，渐变效果会按相反的方向填充。

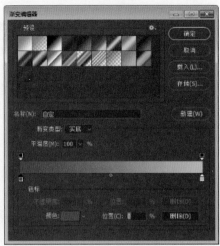

图 7.82　渐变编辑器

7.5.3　HDR 色调

使用"HDR 色调"命令，可以修补图像太亮或太暗的区域，本节将详细讲解 HDR 色调的使用。

执行"图像"→"调整"→"HDR 色调"命令，可以在弹出的面板中调整相关参数，如图 7.83 所示。

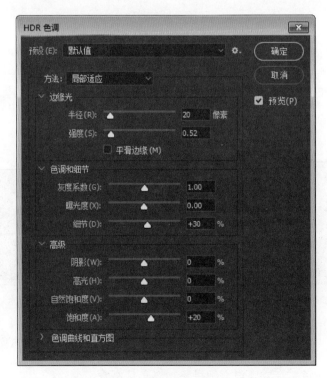

图 7.83　HDR 色调

预设：在下拉列表中可以选择预设的 HDR 色调效果，如图 7.84 所示。

图 7.84　预设

方法：选择调整图像采用何种 HDR 方法。

边缘光：通过调整半径与强度的参数，调节边缘光的强度。

色调和细节：向左滑动灰度系数滑块，可以增加图像的对比度；向右滑动曝光度滑块，可以提高图像的曝光度；向右滑动细节滑块，可以使画面的细节更加丰富。

高级：在该栏目中，可以调整图像的阴影、高光、自然饱和度与饱和度。

随学随练 »

使用"HDR 色调"命令可以修补图像中太亮或太暗的区域，本案例使用该命令调整图像的颜色。

【step1】　打开素材图 7-7.jpg，如图 7.85 所示。

图 7.85　素材图 7-7.jpg

【**step2**】 执行"图像"→"调整"→"HDR 色调"命令,在弹出的设置面板中设置相关参数,"方法"选择"局部适应","边缘光"中的半径和强度分别设置为 200、0.35,"色调和细节"中"灰度系数""曝光度"和"细节"分别设置为 0.77、0.41、239,"高级"中的"阴影""高光""自然饱和度""饱和度"分别设置为 47、−47、61、12,如图 7.86 所示。

图 7.86 设置参数

【**step3**】 设置好参数后,单击"确定"按钮,效果图如图 7.87 所示。

图 7.87 效果图

小 结

本章针对颜色与色彩调整设置了 5 节内容,7.1 节讲解了调色基础,7.2 节详细介绍了快速调整图像色彩的命令,7.3 节阐述了 5 种调整图像明暗的命令,7.4 节讲解了 9 种调整图像色彩的命令,7.5 节介绍了三种特殊的调色命令。通过本章的学习,读者能够掌握颜色调整的各种命令。

习 题

1. 填空题

(1) 执行"色阶"命令的快捷键为_____。

(2) 按_____键,可以调出"曲线"设置面板。

(3) 执行"色相/饱和度"命令的快捷键为_____。

(4) 按_____组合键,可以调出"色彩平衡"面板。

(5) 去色的快捷键为_____。

2. 选择题

(1) 在 Photoshop 中,除了可以执行"图像"→"调整"选择"调色"命令外,还可以使用(　　)。

    A. 自动颜色　　　　B. 调整层　　　　　C. 图层蒙版　　　　D. 自动色调

(2) 在 Photoshop 中,可以使用(　　)使照片成为灰度图像。

    A. 反相　　　　　　B. HDR 色调　　　　C. 去色　　　　　　D. 黑白

(3) 按(　　)组合键,可以调出"黑白"命令设置面板。

    A. Shift+Ctrl+Alt+B　　　　　　　　B. Ctrl+U

    C. Ctrl+I　　　　　　　　　　　　　　D. Ctrl+E

(4) (　　)颜色模式应用于电子屏幕。

    A. 索引　　　　　　B. CMYK　　　　　C. Lab　　　　　　D. RGB

(5) 在 Photoshop 中,快速调整图像色彩的命令包括(　　)。(多选)

    A. 自动色调　　　　B. 自动对比度　　　C. 自动颜色　　　　D. 匹配颜色

3. 思考题

(1) 在 Photoshop 中,调整图像明暗的命令有哪些?

(2) 简述替换图像颜色的操作步骤。

4. 操作题

打开素材图 7-1.jpg,使用"色相/饱和度"命令提高图像的色彩饱和度,如图 7.88 所示。

图 7.88　素材图 7-1.jpg

颜色与色调调整

第8章　文字工具

视频讲解

本章学习目标：

- 熟练掌握文字工具的使用。
- 掌握点文字、段落文字、路径文字的使用。

用 Photoshop 制作图像时，文字是重要的组成部分。选中文字工具，然后在图像中单击即可输入文字，在文字工具的"属性"面板中调整文字的大小、字体、颜色、行距等，可以制作多种样式的文字效果，本章将详细讲解文字工具的使用。

8.1　Photoshop 文字基础

8.1.1　文字工具组

在 Photoshop 中，右击文字工具 ，可以看到该工具组包括横排文字工具、直排文字工具、直排文字蒙版工具和横排文字蒙版工具 4 种，如图 8.1 所示。

选中"横排文字工具"可以在画布中输入横排文字，选中"直排文字工具"可以在画布中输入直排文字，选中文字蒙版工具可以创建文字选区，如图 8.2 所示。

图 8.1　文字工具组

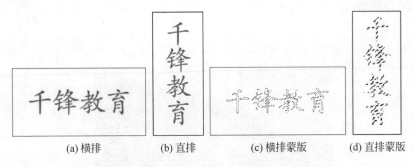

(a) 横排　　(b) 直排　　(c) 横排蒙版　　(d) 直排蒙版

图 8.2　文字工具

8.1.2　文字图层

在第 2 章关于图层的介绍中，已经提及文字图层的基础知识。新建一张画布或打开一张图像后，选中工具栏中的文字工具 ，或按 T 键，将光标置于画布中，单击鼠标左键，输入文字后按 Enter 键，在"图层"面板中即可自动建立文字图层，如图 8.3 所示。

　　值得注意的是,文字图层类似于形状图层,都具有矢量特征,放大缩小不会模糊,也不会产生锯齿。选中文字图层,单击鼠标右键,选择"栅格化文字"命令,即可将文字图层转换为普通的像素图层,如图8.4所示。转换后的图层不能再通过文字属性栏进行编辑。

图8.3　文字图层

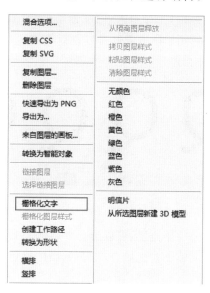

图8.4　栅格化文字

8.1.3　文字工具属性栏

　　创建文字图层后,选中该文字图层并选中文字工具,在属性栏中可以设置相关参数,如图8.5所示。

图8.5　文字工具属性栏

　　切换横排与直排🔃:单击该按钮,可以将横排文字转为直排,将直排文字转为横排,如图8.6所示。

(a) 原图　　　　　　　　　　　　　　(b) 切换为直排

图8.6　切换横排与直排

字体：单击右侧的下拉按钮 ∨，可以在弹出的列表中选择字体。

字号：单击右侧的下拉按钮 ∨，可以选择预设的字号，也可直接选中字号数值，输入需要的字号大小。除了以上两种方式外，还可以将光标置于 T 上，按住鼠标左键水平拖动，向右拖动鼠标，字号增大，向左拖动鼠标，字号减小。

消除锯齿：单击 ∨，可以选择消除锯齿的方式。选中"无"代表未消除锯齿，当字体小于 14 时才会使用。其他选项都可以消除锯齿，如图 8.7 所示。

图 8.7　消除锯齿

对齐：根据需要，可以选择合适的对齐方式。

颜色：单击此色块，可以在调出的拾色器中设置颜色，单击"确定"按钮即可完成文字颜色的更改。

变形 工：单击该图标，调出"变形文字"面板，单击"样式"下拉按钮，在列表中选择需要的变形样式即可，如图 8.8 所示。

字符面板 目：单击该按钮，可以弹出"字符"设置面板，如图 8.9 所示。在该面板中可以设置文字的字体、字号、行间距、字间距、颜色、水平和垂直缩放等。

3D：单击该按钮，可以为文字添加 3D 效果。

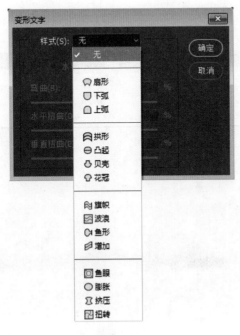

图 8.8　变形

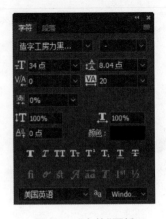

图 8.9　"字符"面板

8.2 创 建 文 字

在 Photoshop 中,使用文字工具可以创建点文字、段落文字、路径文字、区域文字和变形文字,根据需要可以选择特定的创建文字的方式制作多样的文字效果。

8.2.1 创建点文字

在 8.1 节的内容中已经介绍了文字工具组,使用 Photoshop 创建点文字需要先在文字工具组中选择横排文字工具或直排文字工具,然后在画布中单击鼠标左键并输入文字,如图 8.10 所示。输入完成后,按 Enter 键或单击工具属性栏右侧的 ✓ 按钮,即可创建点文字。点文字的特征是不可自动换行,需要手动按 Enter 键进行换行。

图 8.10 点文字

创建完成点文字后,在文字工具属性栏中可以调整文字的字体、大小、颜色、对齐方式、文字变形等,也可以使用"字符"面板进行相关参数的设置,如图 8.11 所示。

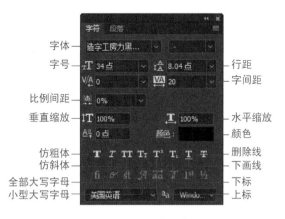

图 8.11 "字符"面板

字体:单击后方的下拉按钮 ✓,可以在下拉列表中选择字体。软件自带的字体样式有限,读者可以在网上下载字体安装文件,选中下载的".otf"格式的安装文件,单击鼠标右键,选择"安装"选项,即可将下载的字体安装完成,如图 8.12 所示。在 Photoshop 的"字符"面板中可以选中该字体。

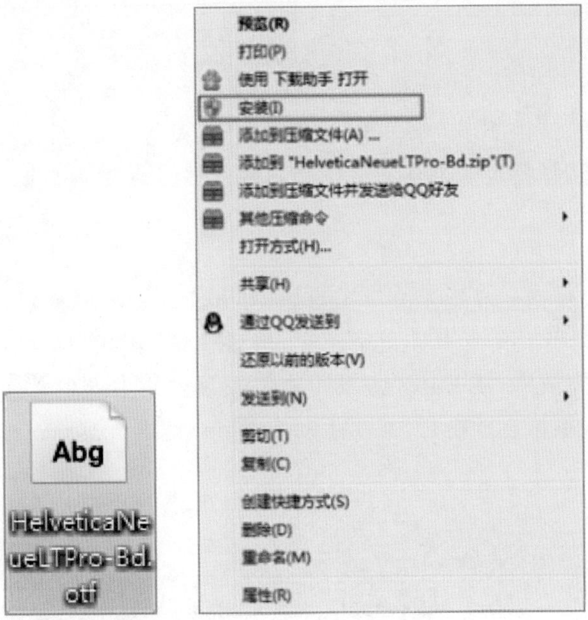

图 8.12　安装字体

字号：选中字号数值，输入需要的字号即可改变字体大小，或者将光标置于 上，按住鼠标左键水平拖动也可改变字体大小。除了使用“字符”面板可以调整文字大小外，还可以通过快捷键对字号进行快速调整，先选中文字，然后按 Shift＋Ctrl＋＞组合键，可以增加字号，按 Shift＋Ctrl＋＜组合键，可以减小字号。

行距与字间距：与调节字号一样，也可选中数值再输入参数，或将光标置于图标上水平拖曳。除以上方法外，按 Alt＋→组合键，可以增加字间距；按 Alt＋←组合键，可以缩小字间距；按 Alt＋↑组合键，可以缩小行距；按 Alt＋↓组合键，可以增加行距。

垂直缩放与水平缩放：使文字在垂直或水平方向上拉长或压扁，如图 8.13 所示。

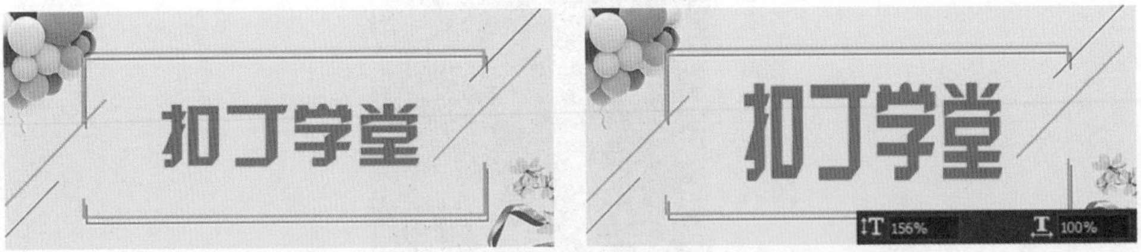

(a) 原图　　(b) 垂直拉伸

图 8.13　垂直缩放

颜色：单击色块，在拾色器中可以设置需要的颜色，如图 8.14 所示。

特殊文字样式：在该栏目中可以将文字设置为粗体、斜体、上标、下标等。

随堂随练》

点文字是在用 Photoshop 制作图像时最常用的文字类型，本案例使用文字工具创建点文字，完成电商 banner 的制作。

图 8.14　颜色

【step1】　打开背景素材图 8-1.jpg，如图 8.15 所示。

图 8.15　打开素材

【step2】　选中横排文字工具 **T**，单击画布，输入"魅力绽放"，如图 8.16 所示。在"图层"面板中，会自动新建文字图层。

图 8.16　输入文字

【step3】　选中该文字图层的同时选中文字工具，在属性栏中单击"字符面板"图标 📄，在弹出的"字符"面板中设置相关参数，将字体设置为"冬青黑体简体中文"，字号设置为 50，颜色参数设置为♯c00b25。设置好文字的参数后,使用移动工具将该文字移动到合适位置,如图 8.17 所示。

图 8.17　参数设置

【**step4**】　重复 step2 的操作,使用文字工具输入"水嫩肌肤 养出新意",按 Enter 键完成输入。再重复 step3 的操作,在"字符"面板中设置参数,将文字字体设置为"兰亭黑-简",字号设置为 50,颜色设置为♯f60023。使用移动工具将文字移动到合适位置,如图 8.18 所示。

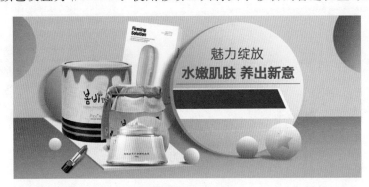

图 8.18　参数设置

【**step5**】　同样地,使用文字工具输入"满 199 减 40",在"字符"面板中设置相关参数,将字体设置为"冬青黑体简体中文",文字字号设置为 50,颜色设置为白色。使用移动工具将文字移动到合适位置,如图 8.19 所示。

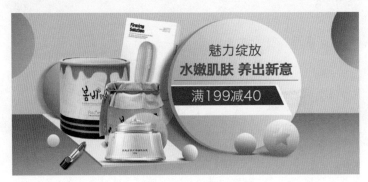

图 8.19　参数设置

【**step6**】 使用文字工具输入"活动时间：7.10-7.22"，在"字符"面板中设置参数，字体设置为"微软雅黑"，字号设置为22，字间距设置为80，颜色参数设置为♯c00b25。使用移动工具将文字移动到合适位置，如图8.20所示。

图8.20 效果图

8.2.2 创建段落文字

段落文字的性质类似于在Word文档中插入的文本框，当文字长度超过文本框时可以自动换行，文本框也可以拉长或缩短。

选中横排文字工具 **T**，将光标置于画布中，按住鼠标左键并拖曳，即可绘制文本框，如图8.21所示。

图8.21 绘制文本框

松开鼠标后，输入文字即可，当文字长度超过文本框的长度时，文字会自动换行，如图8.22(a)所示。当输入的文字过多，导致文本框的宽度不够时，文本框以下的内容会被隐藏，若将文本框向下拉动增大宽度后，隐藏的文字会显示出来，如图8.22(b)所示。

段落文字创建后，执行"窗口"→"段落"命令，或选择属性栏中的字符面板 ▣，并在弹出的面板中选择"段落"选项，可以设置段落文字的对齐方式、缩进参数等，如图8.23所示。

左/居中/右对齐文本：选中"左对齐文本"可以使段落文字左侧对齐，右侧会参差不齐；选中"居中对齐文本"可以使段落文字居中对齐；选中"右对齐文本"可以使段落文字右侧对齐，左侧参差不齐，如图8.24所示。

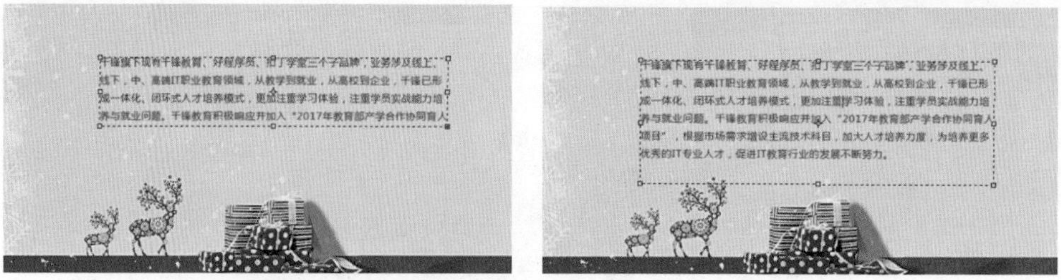

(a) 自动换行   (b) 调整文本框大小

图 8.22 创建段落文字

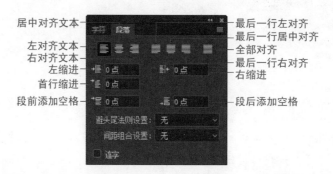

图 8.23 "段落"面板

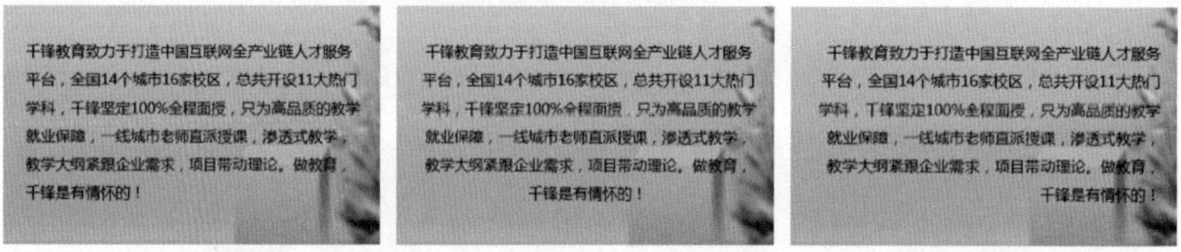

（a）左对齐   （b）居中对齐   （c）右对齐

图 8.24 左/居中/右对齐文本

最后一行左/居中/右对齐：选中"最后一行左对齐"，最后一行文字左对齐，其他行左右两端对齐；选中"最后一行居中对齐"，最后一行文字居中对齐，其他行左右两端对齐；选中"最后一行右对齐"，最后一行文字右对齐，其他行左右两端对齐，如图 8.25 所示。

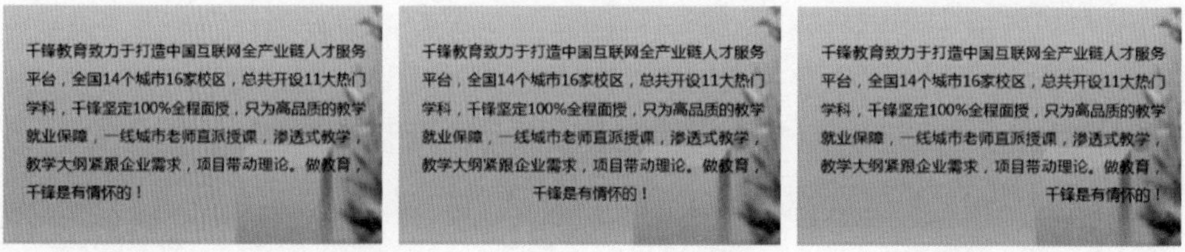

（a）最后一行左对齐   （b）最后一行居中对齐   （c）最后一行右对齐

图 8.25 最后一行对齐

全部对齐：在字符间添加间距,使段落文本左右两端全部对齐,如图 8.26 所示。

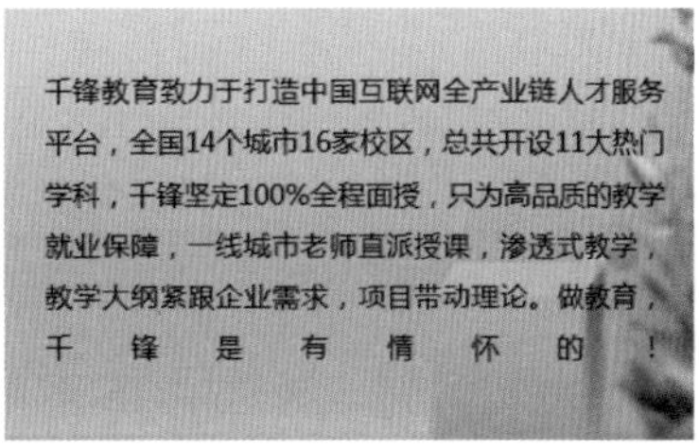

缩进：调整左缩进参数,值为正值时,段落文字左侧边界向右侧移动,值为负值时,段落文字左侧边界向左侧移动;调整右缩进参数,值为正值时,段落文字右侧边界向左侧移动,值为负值时,段落文字右侧边界向右侧移动;调整首行缩进参数,值为正值时,首行左侧边界向右移动,值为负值时,首行左侧边界向左移动,如图 8.27 所示。

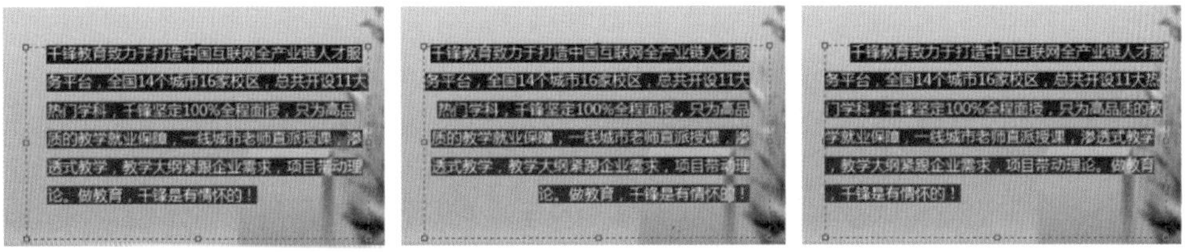

图 8.26　全部对齐

(a) 左缩进(正值)　　　　(b) 右缩进(正值)　　　　(c) 首行缩进(正值)

图 8.27　缩进

图 8.28　避头尾法则设置

避头尾法则设置：根据语法规定,标点符号不能位于句首。单击"避头尾法则设置"后方的选项框,可以选择"无""JIS 宽松""JIS 严格"选项,如图 8.28 所示。选择"无"选项,段落文字可能存在标点符号位于句首的情况;选择"JIS 宽松"和"JIS 严格"选项,可以使段落文字避免上述问题。

以上内容详细讲解了点文本与段落文本的知识,这两种文字形式可以互相转换。若要将点文本转换为段落文本,先在"图层"面板中选中此文字图层,单击鼠标右键,在弹出的列表中选中"转换为点文本"选项即可;若要将段落文本转换为点文本,先选中此文字图层,单击鼠标右键,在弹出的列表中选中"转换为段落文本"选项即可,如图 8.29 所示。

8.2.3　创建路径文字

路径文字是一种按规定路径排列的文字,常用于创建排列不规则的文字行。创建路径文字前,需要先使用钢笔工具或形状工具绘制路径,然后在该路径上输入文字,即可创建路径文字,如图 8.30 所示。

1. 绘制路径

创建路径文字前,需要先创建路径。创建路径的方式有两种：一种是通过钢笔工具绘制,另一种是通过形状工具绘制。

使用钢笔工具绘制路径时,先选中钢笔工具 ,然后将光标置于画布中,单击鼠标左键创建一个锚点,移动鼠标后再次单击并按住鼠标左键拖动,通过手柄可以调整两个锚点之间路径的弯曲度,如图 8.31(a)所示。调整好弯曲度后,松开鼠标并移动到合适位置,再次单击鼠标左键绘制路径,如图 8.31(b)所示。

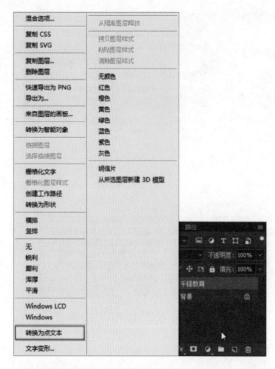

图 8.29　点文字与段落文字转换

图 8.30　路径文字

　　　　　　　(a)　　　　　　　　　　　　　　　　　　　　(b)

图 8.31　钢笔工具绘制路径

　　使用形状工具也可绘制路径，先选中形状工具 ▣，然后在工具属性栏中选中"路径"，如图 8.32 所示。

图 8.32　设置绘图模式

将光标置于画布中，按住鼠标左键拖曳，即可绘制闭合路径，如图 8.33 所示。

图 8.33　形状工具绘制路径

2. 创建路径文字

通过钢笔工具或形状工具绘制好路径后，选中文字工具 T，将光标置于路径上，此时光标图标变为 ，单击鼠标左键后即可输入文字，如图 8.34 所示。

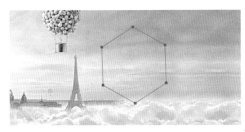

(a) 绘制路径

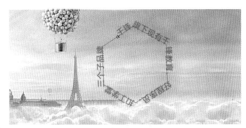

(b) 路径文字

图 8.34　创建路径文字

观察发现，图 8.34 中的路径文字位于路径外。若要使文字位于路径内，先选中路径选择工具 ，然后将光标置于路径文字上，此时光标图标变为 ，按住鼠标左键向内拖动即可使路径文字位于路径内，如图 8.35 所示。

图 8.35　文字操作

随学随练»

使用路径文字可以制作特殊排列的文字效果，本案例通过使用路径文字制作创意海报。

【step1】　打开素材图 8-2.jpg、8-3.png，如图 8.36 所示。

第 8 章

文字工具

(a) 8-2.jpg　　　　　　　　(b) 8-3.png

图 8.36　打开素材

【step2】　将素材图 8-3.png 中的人物复制到图 8-2.jpg 中，按 Ctrl＋T 组合键，调出自由变换定界框，按住 Shift＋Alt 组合键，将光标置于定界框的其中一角上，对人物素材进行等比例中心缩放，然后使用移动工具将该素材移动到合适位置，如图 8.37 所示。

图 8.37　处理人物素材

【step3】　选中钢笔工具，围绕人物绘制波浪状的路径，如图 8.38 所示。

图 8.38　绘制路径

【**step4**】 选中横排文字工具 T，将光标置于路径上，当光标图标变为 时，单击鼠标左键，输入"Street dance is commonly used specifically for the many hip hop dances and funk dance styles that began appearing in the United States in the 1970s."，按 Enter 键完成文字输入，如图 8.39 所示。

图 8.39　输入路径文字

【**step5**】 选中文字工具后，将光标置于路径文字上，单击鼠标左键，按 Ctrl＋A 组合键全选所有文字，在文字属性栏中将字体设置为 English111 Vivace BT，字号设置为 50，颜色设置为 ff6a21，如图 8.40 所示。

图 8.40　设置文字样式

【**step6**】 选中路径文字图层，在"图层"面板中单击 按钮，为文字图层建立图层蒙版。将前景色设置为黑色，使用画笔工具在路径文字中需要隐藏的区域进行涂抹，即可将不需要的文字隐藏，如图 8.41 所示。

8.2.4　创建区域文字

　　区域文字与路径文字类似，都需要先创建路径。区域文字以封闭路径为边界，文字只排列在路径内。先使用钢笔工具或形状工具在画布中绘制闭合路径，如图 8.42(a)所示。将光标置于路径框内，此时光标图标变为 ，输入文字即可创建区域文字，如图 8.42(b)所示。

图 8.41　效果图

(a) 绘制闭合路径

(b) 输入文字

图 8.42　创建区域文字

8.2.5　创建变形文字

在 Photoshop 中，可以运用文字工具属性栏中的变形选项创建变形文字。使用文字工具输入文字后，在属性栏中单击"创建文字变形"按钮，在弹出的"变形文字"面板中，单击"样式"选项框，在列表中选择需要的变形样式即可，如图 8.43 所示。

在"变形文字"面板中选择一种变形样式后，可以在该面板中设置变形方向、弯曲参数、水平扭曲与垂直扭曲程度，如图 8.44 所示。

水平/垂直：选中"水平"方向时，文字变形的方向为水平；选中"垂直"方向时，文字变形的方向为垂直，如图 8.45 所示。

弯曲：鼠标拖曳控制条或在文本输入框中输入参数，可以改变文字的弯曲程度，如图 8.46 所示。

水平扭曲：鼠标拖曳控制条或在文本输入框中输入参数，可以改变文字在水平方向上的变形程度，如图 8.47 所示。

垂直扭曲：鼠标拖曳控制条或在文本输入框中输入参数，可以改变文字在垂直方向上的变形程度，如图 8.48 所示。

(a) "变形文字"面板   (b) 文字

图 8.43　变形文字

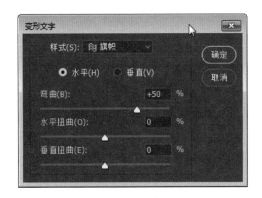

图 8.44　设置变形参数

(a) 水平   (b) 垂直

图 8.45　变形方向

文字工具

(a) 弯曲−50%　　　　　　　　　　　(b) 弯曲50%

图 8.46　弯曲

(a) 水平扭曲80%　　　　　　　　　　(b) 水平扭曲−80%

图 8.47　水平扭曲

(a) 垂直扭曲30%　　　　　　　　　　(b) 垂直扭曲−30%

图 8.48　垂直扭曲

8.3　文字蒙版工具

在 Photoshop 中,鼠标右键单击文字工具图标 **T**,可以在列表中选择横排文字蒙版工具 **T** 和直排文字蒙版工具 **T**,由此创建文字选区。通过文字蒙版工具建立文字选区后,可以在此基础上进行选区操作,例如,填充颜色、抠图、删除选区内图像等,如图 8.49 所示。

新建一张画布或打开一张背景图像,选中横排文字工具,在属性栏中设置好字体、字号等属性,然后将光标置于画布中,单击鼠标左键,此时画布被半透明的红色效果覆盖,如图 8.50(a)所示。输入文字后,按 Enter 键完成输入,此时文字会变为选区,如图 8.50(b)所示。

 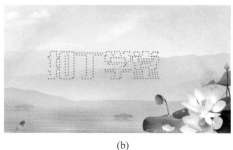

图 8.49　文字蒙版运用

(a)　　　　　　　　　　　　　　　　　　(b)

图 8.50　输入文字

　　值得注意的是，在输入文字后，按 Enter 键完成输入前，将鼠标置于文字外，按住鼠标左键可以移动文字，如图 8.51(a)所示。按住 Ctrl 键时，可以调出自由变换定界框，根据需要，可以对文字进行缩放、旋转等操作，如图 8.51(b)所示。

(a)　　　　　　　　　　　　　　　　　　(b)

图 8.51　移动与变换

随学随练》

　　使用文字蒙版工具可以制作多种效果的图像，本案例使用文字蒙版工具和图层样式（将在后面章节详细讲述），制作特殊的文字效果。

　　【step1】　打开素材文件 8-4、8-5，如图 8.52 所示。

　　【step2】　将图 8-5 中的素材复制到文件 8-4 中，按 Ctrl＋T 组合键调出自由变换定界框，轻微旋转并等比例放大，如图 8.53 所示。

　　【step3】　选中横排文字蒙版工具，在属性栏中调整字体为 Bauhaus 93、字号为 300，将光标置于画布中，单击左键后输入"qf"，按 Enter 键完成输入。选中选区工具，将光标置于选区内，按住鼠标左键拖动，将选区移动到合适位置，如图 8.54 所示。

(a) 图8-4 　　　　　　　　　　　　　　　　(b) 图8-5

图 8.52　打开素材

图 8.53　复制素材

图 8.54　文字蒙版

【step4】　选中名为"8-5"的图层,按 Ctrl＋J 组合键抠取选区中的图像,并将图层"8-5"删除,如图 8.55 所示。

【step5】　选中"图层 1",双击该图层名称后方的空白处,在弹出的"图层样式"面板中勾选"斜面与浮雕"复选框,单击"斜面与浮雕"名称,在右侧参数设置面板中设置相关参数,如图 8.56 所示。

【step6】　单击"确定"按钮后,效果图如图 8.57 所示。

图 8.55　抠取图像

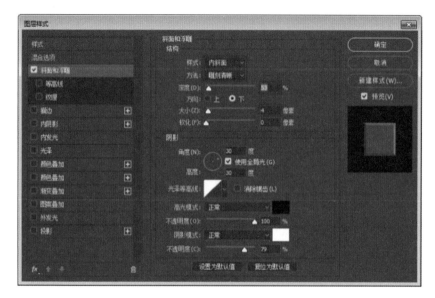

图 8.56　斜面与浮雕

图 8.57　效果图

193

第8章

8.4 编辑文字

在 Photoshop 中，使用文字工具建立文字图层后，可以对文字进行自由变换操作，例如缩放、旋转等，也可以将具有矢量特征的文字图层转换为像素图层、形状图层和路径，本节将详细讲解这些操作。

8.4.1 文字的自由变换

选中需要进行自由变换的文字图层，按 Ctrl＋T 组合键调出自由变换定界框，单击鼠标右键，在列表选项中选中需要的变换样式，如图 8.58 所示。

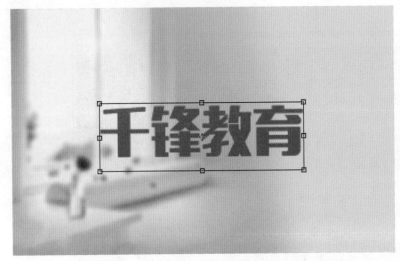

图 8.58 自由变换选项

值得注意的是，当需要进行自由变换的文字为段落文字时，可以直接使用其自带的定界框对文字进行旋转、缩放、斜切操作。按住 Ctrl 键，并将光标置于定界框 4 个角的一个锚点上，向内或向外拖动，即可改变文字大小，如图 8.59(a) 所示。按住 Ctrl 键，并将光标置于定界框的中间锚点上，拖动鼠标即可对文字进行斜切操作，如图 8.59(b) 所示。将光标置于定界框 4 个角的外侧，当光标图标变为 ↲ 时，拖动鼠标即可旋转文字，如图 8.59(c) 所示。

(a)   (b)   (c)

图 8.59 段落文字自由变换

8.4.2 栅格化文字图层

通过栅格化文字图层可以将文字图层转换为像素图层,从而使转换后的文字具有像素图层的特点。先在"图层"面板中选择文字图层,然后将光标置于图层名称后的空白处并单击鼠标右键,在弹出的列表中选中"栅格化文字"选项,即可将文字图层转换为像素图层,如图 8.60 所示。

(a) 文字图层

(b) 栅格化后

图 8.60　栅格化文字图层

8.4.3 将文字转换为形状

文字图层具有矢量特征,将文字图层转换为形状后,在该文字上会自动创建许多锚点,从而可以对文字进行更多的变形操作。先选中文字图层,然后将光标置于图层名称后的空白处并单击鼠标右键,在弹出的列表中选中"转换为形状"选项,即可将文字图层转换为形状图层,如图 8.61 所示。

(a) 文字图层

(b) 转换为形状

图 8.61　文字转换为形状

随堂随练 »

字体设计是设计一个作品时需要重点关注的元素之一,优秀的字体设计可以提升设计感。本案例结合当下的流行趋势,制作故障的文字效果。

【step1】　新建尺寸为 1000 像素×700 像素、分辨率为 72 像素/英寸、背景色为黑色的画布,选中横排文字工具输入"青年节",字体设置为"造字工房力黑",字号设置为 232,文字颜色设置为白色,如图 8.62 所示。

【**step2**】 选中文字图层,单击鼠标右键,在弹出的列表中选中"转换为形状",按 Ctrl+T 组合键调出自由变换框,按住 Ctrl 键的同时,鼠标置于自由变换框上边的中间点上,向右拖动使文字向右侧倾斜,如图 8.63 所示。

图 8.62 创建文字　　　　　　　　　　　　　　　图 8.63 倾斜文字

【**step3**】 复制文字所在图层并将复制的图层进行栅格化,然后为复制的图层建立图层蒙版,将前景色设置为黑色,选中矩形选框工具,选中图层蒙版,在文字的适当位置绘制选区并填充黑色,即可隐藏选区内的图像,重复该动作,结合选区与填充制作突出的色块,得到如图 8.64 所示的效果。

图 8.64 制作凹陷和突出效果

【**step4**】 复制两次"青年节 拷贝"图层,并将复制的两个图层置于"图层"面板的下方,为两个图层添加颜色叠加样式,其中一个图层的颜色叠加设置为红色,另一个设置为蓝色,使用移动工具移动两个图层的位置,如图 8.65 所示。

【**step5**】 选中除背景图层的所有图层,按 Ctrl+G 组合键进行编组,将组命名为"文字"。选中矩形工具,绘制长短不一、宽度不一的矩形,如图 8.66 所示。

【**step6**】 选中部分点缀图层并编组,剩余的部分点缀也进行编组,将文字的图层样式分别复制到两个组上,如图 8.67 所示。

【**step7**】 打开背景素材 8-6.jpg,复制到画布中并置于底部,调整细节,效果图如图 8.68 所示。

图 8.65　复制图层

图 8.66　绘制点缀线条

图 8.67　添加图层样式

图 8.68　效果图

8.4.4　创建文字的工作路径

"创建文字的工作路径"命令可以以文字的轮廓创建工作路径。先选中文字图层,然后将光标置于图层名称后的空白处并单击鼠标右键,在弹出的列表中选中"创建文字的工作路径"选项,即可创建文字的工作路径,如图 8.69 所示。

创建好文字后,可以将文字图层删除,而文字路径不会被删除,如图 8.70 所示。

图 8.69　创建文字的工作路径

图 8.70　删除文字图层

随学随练 》

配合文字的工作路径与画笔工具可以制作路径描边,本案例将使用"图层"面板中的画笔描边路径制作云彩文字。

【**step1**】 打开素材图 8-7.jpg，如图 8.71 所示。

图 8.71　打开素材

【**step2**】 选中文字工具 T，单击画布进入文字编辑状态，输入"easy"，按 Enter 键完成文字输入。在文字工具属性栏中将文字大小改为 150，并将字体改为合适的字体，如图 8.72 所示。

图 8.72　输入文字

【**step3**】 在"图层"面板中选中文字图层，将光标置于图层名称后方，单击鼠标右键，在列表中选择"创建文字的工作路径"选项，并将该文字图层删除，如图 8.73 所示。

图 8.73　创建文字的工作路径

【step4】 按 Shift＋Ctrl＋Alt＋N 组合键,新建空白图层,如图 8.74 所示。

【step5】 在工具栏中选中画笔工具,单击属性栏中的"画笔设置"面板 ,在弹出的"画笔设置"面板中设置相关参数。选择柔边缘笔尖,画笔大小设置为 8 像素,间距设置为 22％。在"形状动态"中设置大小抖动为 100％,将角度抖动、圆度抖动、最小圆度分别设置为 30％、40％、25％。在"散布"中勾选"两轴",设置数量为 5。在"传递"中设置不透明度抖动为 30％,流量抖动设置为 25％。勾选"平滑"选项,如图 8.75 所示。

图 8.74 新建空白图层

(a) 画笔笔尖形状

(b) 形状动态

(c) 散布

图 8.75 画笔设置

【step6】 在软件窗口的右下角,选中"路径"面板,单击"工作路径"以选中该路径,选中"路径"面板下方的"用画笔描边路径"选项 ,为路径添加画笔描边,如图 8.76 所示。

【step7】 效果图如图 8.77 所示。

图 8.76 用画笔描边路径

图 8.77 效果图

文字工具

小　结

本章针对文字工具设置了 4 节内容,8.1 节讲解了文字基础,8.2 节详细介绍了 5 种文字样式的创建方法,8.3 节阐述了文字蒙版工具的概念,8.4 节讲解了编辑文字的相关操作。通过本章学习,读者能够熟练掌握文字工具的用法,结合选区、路径的基本用法,可以制作出丰富多样的文字效果。

习　题

1. 填空题

(1) 文字工具的快捷键为_____。

(2) 文字工具组包括_____、_____、_____、直排文字蒙版工具。

(3) 文字输入完成后,单击属性栏后方的 ✓ 按钮或按_____快捷键,可以完成输入。

(4) 在 Photoshop 中,使用文字工具可以创建_____、_____、_____、区域文字和变形文字。

(5) 按_____组合键,可以增加字号;按_____组合键,可以减小字号。

2. 选择题

(1) 在 Photoshop 中,执行(　　)命令,可以调出"段落"面板。

    A. "窗口"→"字符样式"　　　　　　　　B. "窗口"→"段落样式"

    C. "窗口"→"字符"　　　　　　　　　　D. "窗口"→"段落"

(2) 按(　　)组合键,可以对文字进行自由变换。

    A. Ctrl+I　　　　　　B. Ctrl+T　　　　　　C. Ctrl+E　　　　　　D. Ctrl+S

(3) 使用文字蒙版工具并输入文字,可以建立(　　)。

    A. 图层蒙版　　　　　B. 路径　　　　　　　C. 选区　　　　　　　D. 文字图层

(4) 按(　　)组合键,可以增加字间距;按(　　)组合键,可以减小字间距。

    A. Alt+→　　　　　　B. Alt+↓　　　　　　C. Alt+←　　　　　　D. Alt+↑

(5) 文字图层可以转换为(　　)。(多选)

    A. 智能对象　　　　　B. 栅格化图层　　　　C. 形状图层　　　　　D. 工作路径

3. 思考题

(1) 简述文字类型的种类。

(2) 简述创建文字工作路径的基本步骤。

4. 操作题

结合文字路径与画笔制作云彩文字。

第 9 章　钢笔工具与形状工具

本章学习目标：

- 熟练掌握路径的相关知识。
- 掌握钢笔工具的使用。
- 掌握形状工具的相关操作。

在 Photoshop 中，可以使用钢笔工具和形状工具绘制多种样式的矢量图像，通过编辑矢量图像上的锚点可以更改元素的形态。本章将详细讲解路径与锚点的概念和使用，具体阐述钢笔工具组与形状工具组中的各种工具的使用。

9.1　矢量工具基础知识

9.1.1　矢量图像

矢量图，也称为面向对象的图像或绘图图像，在数学上定义为一系列由线连接的点。矢量文件中的图形元素称为对象。每个对象都是一个自成一体的实体，它具有颜色、形状、轮廓、大小等属性。

矢量图是根据几何特性来绘制图形的，可以是直线或曲线，也可以是二者的组合。矢量图像的特点是放大后图像不会失真，和分辨率无关，适用于图形设计、文字设计和一些标志设计、版式设计等，如图 9.1 所示。

图 9.1　矢量图像

9.1.2　认识路径与锚点

路径的含义包含许多种，例如，磁盘中的地址路径、HTML 中链接的绝对路径（网址）

等。图形设计软件中的路径是指所绘图形的轮廓,路径不包括任何像素,但可以填充颜色或进行路径描边。绘制完路径或形状后,可以在"路径"面板中找到所绘制的路径,如图 9.2 所示。

在 Photoshop 中,绘制路径的工具包括钢笔工具和形状工具,除此以外,使用文字工具创建文字图层后,可以将文字图像转换为文字路径。与选区不同(必须是闭合式),路径可以是开放式、闭合式和组合式,如图 9.3 所示。针对开放式路径,可以使用钢笔工具使断开的路径闭合;针对闭合路径,使用直接选择工具 删除路径上的锚点,从而使闭合的路径断开。

图 9.2 "路径"面板

| (a) 开放式 | (b) 闭合式 | (c) 组合式 |

图 9.3 路径样式

路径是由一或多条直线段或曲线段组成的轮廓,这些直线段或曲线段的两端端点即为锚点。根据实际需要,可以添加或删除路径上的锚点。使用直接选择工具选中某一锚点后,该锚点两侧会显示两条控制手柄,通过调节控制手柄的方向和长度,可以控制路径的走向,如图 9.4 所示。

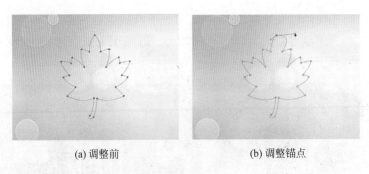

| (a) 调整前 | (b) 调整锚点 |

图 9.4 锚点

根据路径的平滑状况,锚点分为平滑点和角点两种类型。当锚点所处的路径转折平滑时,该锚点的两条控制手柄在一条直线上,此类锚点称为平滑锚点;当锚点所处的路径转折不平滑时,该锚点的两条控制手柄呈夹角状,此类锚点称为角点,如图 9.5 所示。

选中一个平滑点锚点,然后选中钢笔工具,将光标置于该锚点上,按住 Alt 键的同时单击鼠标左键,即可将平滑点转换为角点。

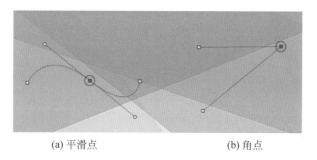

(a) 平滑点   (b) 角点

图 9.5　锚点分类

9.1.3　选择绘图模式

使用钢笔工具和形状工具可以绘制路径、形状、像素三种类型的元素,其中,在路径和形状模式下绘制的元素都包含矢量路径。

在使用钢笔工具或形状工具绘制图像前,需要先在工具属性栏中选择所需的绘图模式,如图 9.6 所示。

图 9.6　绘图模式

选择"形状"模式后,可以绘制带有矢量路径和填充描边属性的形状图层;选择"路径"模式后,可以绘制独立的路径;选择"像素"模式后,可以绘制带有填充属性的像素图像,如图 9.7 所示。值得注意的是,当选择"像素"模式绘制图像时,需要先按 Shift＋Ctrl＋Alt＋N 组合键新建空白像素图层。

(a) 像素   (b) 路径   (c) 形状

图 9.7　绘图模式

9.2　钢笔工具组

在日常生活中,使用钢笔可以灵活地绘制多种多样的线条或形状。同样地,在 Photoshop 中,使用钢笔工具可以绘制多种样式的图像元素,如路径、形状,通过添加锚点以及操作每个锚点的控制手柄,可以灵活地绘制图像。钢笔工具组除了钢笔工具外,还包括自

钢笔工具与形状工具

由钢笔工具、弯度钢笔工具、添加锚点工具、删除锚点工具和转折点工具,本节将详细讲解这些工具的使用。

9.2.1 钢笔工具

在 Photoshop 中,使用钢笔工具 (快捷键为 P)可以绘制灵活多样的路径或形状。选中钢笔工具后,可以在工具属性栏中设置相关参数,绘制完成后,利用属性栏可以再次修改参数。

1. 绘制形状

使用钢笔工具绘制形状前,需要在工具属性栏的绘图样式中选中"形状"选项,各项参数设置如图 9.8 所示。

图 9.8 钢笔工具属性栏

绘图模式:单击该选框,在下拉列表中选择需要的绘图模式。

填充:若在绘图模式中选择"形状",绘制好图像后,单击色块可以调出填充设置面板,如图 9.9 所示。若选中"无填充",则所绘制形状无填充色;若选中"纯色",然后单击拾色器 ,可以在拾色器中设置填充的颜色(双击图层缩览图也可修改形状的颜色);若选中"渐变填充",可以在面板中设置渐变颜色和渐变方式;若选择"图案填充",可以选择一种图案进行填充。

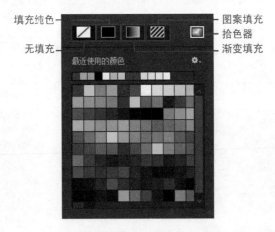

图 9.9 填充

描边:此项参数也只能在绘图模式为"形状"的前提下有效,设置方式与填充相同。

描边粗细:该项参数可以控制描边的粗细,单击后方的 按钮,在弹出的控制条上拖动鼠标即可改变描边大小,也可直接在输入框中输入数值,如图 9.10 所示。

描边样式:单击该选项框,在弹出的设置面板中可以选择描边的样式(直线、虚线),如图 9.11(a)所示。单击"更多选项"按钮,可以自定义虚线描边样式,如对齐、端点、角点、虚线与间隙,如图 9.11(b)所示。

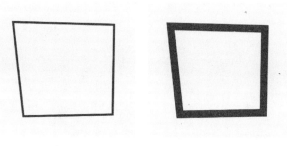

(a) 描边5像素 (b) 描边20像素

图 9.10 描边大小

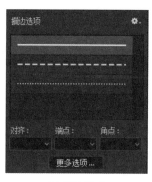

(a) 描边样式

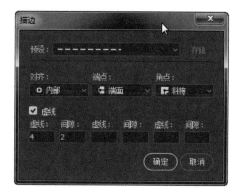

(b) "描边"面板

图 9.11 描边样式

宽度/高度：在输入框中输入数值即可改变所绘制图像的大小,选中宽度与高度中间的链条 🔗,可以锁定长宽比。

布尔运算：单击 ■ 按钮,可以在下拉选项中选择所需的布尔运算,如图 9.12 所示。

路径选项：单击"路径选项"按钮 ⚙,在弹出的面板中可以设置路径线的粗细、颜色,勾选"橡皮带"选项后,绘制形状或路径时,可以显示路径的走向,如图 9.13 所示。

图 9.12 布尔运算

图 9.13 路径选项

选中钢笔工具,在工具属性栏中设置好相关参数,即可在画布中绘制所需元素。使用钢笔工具绘制形状时,既可绘制直线又可绘制曲线,如图 9.14 所示。当需要创建由直线组成形状时,先在画布中单击鼠标左键创建一个起始锚点,然后移动光标,再次单击鼠标左键即可创建直线;当需要创建由曲线组成的形状时,先创建一个起始锚点,然后移动光标,再次按住鼠标左键并拖动鼠标即可绘制曲线。

钢笔工具与形状工具

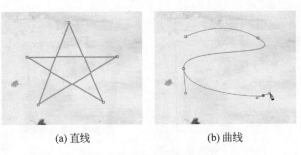

(a) 直线   (b) 曲线

图 9.14   绘制直线和曲线

2. 绘制路径

使用钢笔工具绘制路径前,需要在工具属性栏的绘图样式中选中"路径"选项,各项参数设置如图 9.15 所示。

图 9.15   钢笔工具属性栏

使用钢笔工具可以绘制直线路径和曲线路径,绘制方式与绘制形状时一样。在 9.1 节的内容中已经提及,路径可以是开放的,也可以是闭合的。若要绘制闭合路径,则需要使最后一段路径的终点与起始点重合,如图 9.16(a)所示;若要绘制开放路径,则只需绘制完最后一段路径后,按住 Ctrl 键的同时单击空白区域即可,如图 9.16(b)所示。

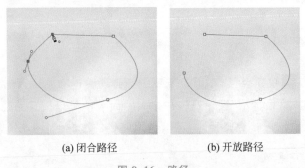

(a) 闭合路径   (b) 开放路径

图 9.16   路径

绘制完路径后,通过工具属性栏可以再次编辑该路径,如图 9.17 所示。在"路径"面板中选中绘制的路径后,在钢笔工具属性栏中单击"选区"选项,可以将路径转换为选区,利用选区可以抠取素材图片,因此,使用钢笔工具可以实现精确抠图。若在钢笔工具属性栏中选中"蒙版"选项,则可以创建蒙版(将在后面章节详细讲解);若选中"形状"选项,可以将路径转换为具有填充和描边属性的形状。

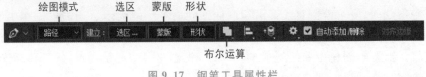

图 9.17   钢笔工具属性栏

钢笔工具不仅可以用来绘制形状,还可以用来精确地抠取边缘复杂的图像,本案例使用钢笔工具抠取图像中的荷花。

【step1】 打开素材图 9-1.jpg,如图 9.18 所示。

【step2】 在工具栏中选中钢笔工具,在属性栏的绘图模式中选择"路径"。按 Ctrl++组合键或按 Ctrl 键的同时滑动鼠标滚轮,使画布视图放大,如图 9.19 所示。按 Enter 键的同时按住鼠标左键并拖动,可以移动图像在窗口中的位置。

图 9.18 打开素材

图 9.19 放大显示视图

【step3】 将光标置于荷花花瓣的边沿,单击鼠标左键建立初始锚点,移动鼠标使光标置于花瓣的另一点上,单击鼠标并拖曳,直到路径线与花瓣的边沿重合为止,然后松开鼠标,如图 9.20 所示。值得注意的是,绘制路径时,相邻锚点之间的距离不应过大,否则不方便调节控制手柄的长度和方向。

【step4】 重复 step3 的步骤,沿着花瓣边缘绘制路径,若在绘制路径过程中创建了一段错误的路径,可以按 Delete 键删除。若在绘制路径时需要减少锚点的一端控制手柄,以便使下一段路径不被上一个锚点的控制手柄影响,可以按住 Alt 键并单击该锚点。当绘制到最后一段路径时,将光标置于初始锚点,单击鼠标左键并拖动,使路径与花瓣边缘重合,如图 9.21 所示。

【step5】 绘制完闭合路径后,在钢笔工具属性栏中单击"选区"选项,即可将路径转换为选区,在弹出的对话框中,可以设置选区羽化值,单击"确定"按钮后即可创建选区,除了这种方法外,按 Ctrl+Enter 组合键,也可将路径转换为选区,如图 9.22 所示。

【step6】 创建好选区后,按 Ctrl+J 组合键,即可将选区中的图像抠取出来,如图 9.23 所示。

钢笔工具与形状工具

图 9.20　绘制路径

图 9.21　完整路径

图 9.22　路径转换为选区

图 9.23　抠图

9.2.2　自由钢笔工具

　　自由钢笔工具与钢笔工具类似，也可绘制路径和形状，不同的是，自由钢笔工具可以绘制比较随意的路径和形状，不需要手动创建锚点，只需按住鼠标左键拖动即可绘制路径或形状，如图 9.24 所示。自由钢笔工具与套索工具的用法类似。

9.2.3　弯度钢笔工具

　　弯度钢笔工具具有与钢笔工具相似的属性，选中该工具绘制元素前，同样需要在属性栏中选择绘图模式，如形状、路径。不同的是，弯度钢笔工具绘制的路径或形状都是弯曲的，不能绘制直线，如图 9.25 所示。

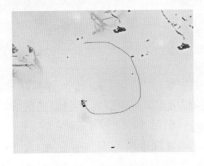

图 9.24　自由钢笔工具

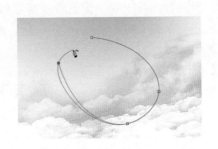

图 9.25　弯度钢笔工具

9.2.4 添加/删除锚点工具

使用钢笔工具或形状工具绘制完路径或形状后,路径上有许多控制锚点,使用钢笔工具组中的添加锚点工具 ![添加锚点图标] 可以在路径上增加锚点,使用删除锚点工具 ![删除锚点图标] 可以删除路径上的锚点,如图9.26所示。

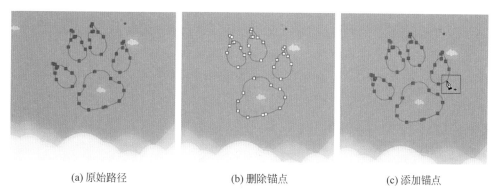

| (a) 原始路径 | (b) 删除锚点 | (c) 添加锚点 |

图 9.26　添加/删除锚点工具

使用删除锚点工具删除路径上的锚点时,需先将鼠标光标置于锚点上,此时光标变为 ![光标图标],单击鼠标左键即可删除该锚点。若需要同时删除多个锚点,可以在选中删除锚点工具后,框选这些需要删除的锚点,然后按Delete键即可将选中的锚点都删除。

使用添加锚点工具增加路径上的锚点时,需先将光标置于路径上需要添加锚点的位置,此时光标图标变为 ![光标图标],单击鼠标左键即可添加锚点。

9.2.5 转换点工具

在9.1节的内容中阐述了平滑点与角点的概念,使用转换点工具 ![转换点图标] 可以实现平滑点与角点之间的转换。

若需要将平滑点转换为角点,先选中转换点工具,然后将光标置于该锚点上,单击鼠标左键即可将平滑锚点转换为角点,曲线路径也会转换为直线路径,如图9.27所示。

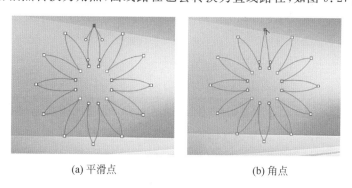

| (a) 平滑点 | (b) 角点 |

图 9.27　平滑点转换为角点

若需要将角点转换为平滑点,先选中转换点工具,然后将光标置于该锚点上,单击鼠标左键并按住左键向左或向右拖曳,即可将角点转换为平滑点,如图9.28所示。

钢笔工具与形状工具

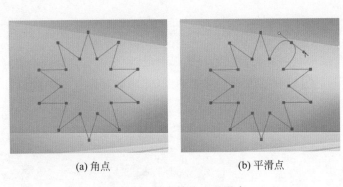

(a) 角点   (b) 平滑点

图 9.28   角点转换为平滑点

值得注意的是：使用钢笔工具时，按住 Alt 键可以切换为转换点工具；使用直接选择工具 ▶ 时，按住 Ctrl＋Alt 组合键可以切换为转换点工具。

9.3   形状工具组

在 Photoshop 中，除了可以使用钢笔工具组中的工具绘制具有矢量属性的图像外，还可以使用形状工具（快捷键为 U）绘制路径和形状。形状工具组包括矩形工具、圆角矩形工具、椭圆工具、多边形工具、直线工具和自定形状工具，如图 9.29 所示，本节将详细讲解这些工具的使用。

图 9.29   形状工具组

9.3.1   矩形工具

矩形工具可以绘制矩形和正方形的路径、形状和像素图形，与钢笔工具一样，使用矩形工具绘制元素之前，需要在工具属性栏中设置绘图模式以及其他的参数，如图 9.30 和图 9.31 所示。

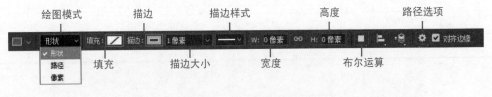

图 9.30   形状模式属性栏

图 9.31   路径模式属性栏

观察可见，矩形工具属性栏与钢笔工具相同，在此不再赘述。以"形状"模式为例，设置好各项参数后，将光标置于画布中，按住鼠标左键并拖动即可在画布中绘制矩形元素，如图 9.32(a)所示。若要创建正方形形状，只需在绘制图像的同时按住 Shift 键即可，如图 9.32(b)所示。

(a) 矩形　　　　　　　　　　(b) 正方形

图 9.32　矩形工具

　　绘制完图像后,通过工具属性栏可以对图像进行再编辑操作,如修改填充或描边颜色、调整宽高和大小等。针对图像大小,还可以使用自由变换(按 Ctrl+T 组合键)进行修改。

9.3.2　圆角矩形工具

　　圆角矩形工具可以绘制具有圆角效果的矩形和正方形,通过工具属性栏可以设置圆角大小,参数越大,圆角越大,如图 9.33 所示。

图 9.33　圆角矩形属性栏

　　圆角矩形工具属性栏中的大部分参数与矩形工具的用法类似,在此不再赘述。选中圆角矩形工具后,先在属性栏中设置绘图模式、圆角半径和其他属性,然后将光标置于画布中,按住鼠标左键并拖动即可绘制圆角矩形,如图 9.34 所示。

(a) 圆角半径为10　　　　　　　(b) 圆角半径为40

图 9.34　圆角矩形

　　值得注意的是,当圆角矩形绘制完成后,不能再在属性栏中修改圆角半径。执行“窗口”→“属性”命令,可以调出“属性”面板,在该面板中可以修改圆角矩形的圆角半径,如图 9.35 所示。

钢笔工具与形状工具

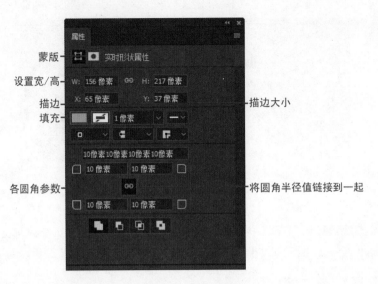

图 9.35　"属性"面板

在"属性"面板中可以修改已绘制圆角矩形的宽高、填充/描边的样式和颜色、圆角参数的半径、羽化参数等。其中,在修改圆角参数时,可以在参数输入框中输入参数,也可以将光标置于⬜按钮上,按住鼠标左键向右拖曳增大圆角,向左拖曳减小圆角,选中中间的链条⬝时,可以同时改变 4 个角的圆角半径。

"属性"面板还提供了蒙版设置,单击"属性"面板中的🔲按钮即可切换到蒙版设置面板,如图 9.36 所示。

图 9.36　蒙版设置面板

在"羽化"选项的输入框中输入数值或拖曳控制条可以设置形状的羽化效果,数值越大,羽化效果越明显,如图 9.37 所示。

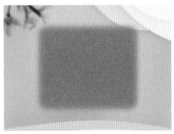

(a) 圆角矩形　　　　　　　　(b) 羽化值6.0像素

图 9.37　羽化

9.3.3　椭圆工具

椭圆工具可以绘制椭圆和圆形,属性栏设置与矩形工具属性栏一样,在此不再赘述。选中椭圆工具 ⬤ 后,在属性栏中选择需要的绘图模式,然后将光标置于画布中,按住鼠标左键并拖动即可绘制椭圆,如图 9.38(a)所示。若要绘制正圆形,可以按住 Shift 键或 Shift＋Alt 组合键(以单击点为中心)进行创建,如图 9.38(b)所示。

(a) 椭圆　　　　　　　　　　(b) 正圆

图 9.38　椭圆工具

绘制好椭圆形状后,执行"窗口"→"属性"命令,可以在"属性"面板中设置椭圆的大小、羽化值等参数。

9.3.4　多边形工具

多边形工具可以绘制正多边形和星形,选中多边形工具 ⬡ 后,可以在工具属性栏中设置相关参数,包括绘图模式、边数等,如图 9.39 所示。

图 9.39　多边形工具属性栏

边数:在输入框中输入数值即可,数值范围为 3～100 的整数。例如,输入的数值为 3,可以创建正三角形;输入的数值为 6,可以创建正六边形,如图 9.40 所示。

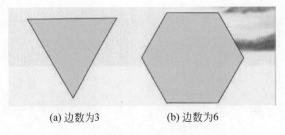

(a) 边数为3　　　　(b) 边数为6

图 9.40　边数

设置其他形状和路径选项：单击属性栏中的 ⚙ 按钮，在弹出的面板中可以设置"星形"参数，参数设置如图 9.41 所示。

半径：用来设置多边形或星形的半径大小，在输入框中输入所需参数，然后将光标置于画布中，按住鼠标左键拖动即可创建多边形。

平滑拐角：勾选该选框，可以绘制具有平滑拐角效果的多边形或星形，如图 9.42 所示。

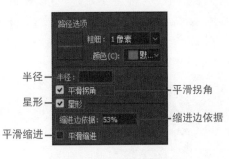

图 9.41　星形设置

图 9.42　平滑拐角

星形：勾选该选框，可以创建星形，下方的"缩进边依据"可以控制缩进的程度，数值越大，星形越尖锐，如图 9.43 所示。

(a) 缩进边依据20%

(b) 缩进边依据50%

(c) 缩进边依据80%

图 9.43　星形

平滑缩进：勾选该选框，可以使星形的每条边向中心平滑缩进，如图 9.44 所示。

9.3.5　直线工具

直线工具可以绘制直线和带有箭头的直线，选中直线工具 ╱ 后，可以在属性栏中设置相关参数，例如，绘图模式、填充或描边的颜色和样式等，如图 9.45 所示。在"粗细"输入框中输入参数可以控制直线的粗细，数值越大，直线越粗。

(a) 未勾选   (b) 勾选

图 9.44 平滑缩进

直线粗细

设置其他形状或路径选项

图 9.45 直线工具属性栏

若要绘制带有箭头的直线,可以单击属性栏中的 ⚙ 按钮进行设置,如图 9.46 所示。

起点/终点:勾选"起点"复选框,可以在直线的起点添加箭头;勾选"终点"复选框,可以在直线的终点添加箭头;勾选"起点"和"终点"复选框,可以在直线的起点和终点都添加箭头,如图 9.47 所示。

宽度:用来设置箭头宽度与直线宽度的百分比(范围为 $10\%\sim 1000\%$),数值越大,箭头宽度与直线宽度的对比度越明显,如图 9.48 所示。

图 9.46 设置箭头

(a) 勾选起点 (b) 勾选终点 (c) 勾选起点与终点

图 9.47 起点/终点

(a) 宽度为200% (b) 宽度为500% (c) 宽度为1000%

图 9.48 宽度

长度:用来设置箭头长度与直线长度的百分比(范围为 $10\%\sim 1000\%$),数值越大,箭头长度与直线长度的对比越明显,如图 9.49 所示。

凹度:用来设置箭头的凹陷程度,范围为 $-50\%\sim 50\%$。当参数设置为 0 时,箭头尾部对齐;当参数设置为正值时,箭头尾部向内凹陷;当参数设置为负值时,箭头尾部向外凸出,如图 9.50 所示。

(a) 长度为100% (b) 长度为500% (c) 长度为1000%

图 9.49 长度

(a) 凹度为0 (b) 凹度为50% (c) 凹度为−50%

图 9.50 凹度

钢笔工具与形状工具

9.3.6 自定义形状工具

自定义形状工具可以创建多种样式的形状、路径和像素,选中自定义形状工具  后,可以在属性栏中设置相关参数,例如,填充或描边的颜色和样式、形状等,如图 9.51 所示。

形状

图 9.51 自定义形状工具属性栏

单击属性栏中"形状"的下拉按钮 ,可以在弹出的预设形状中选择需要的形状,如图 9.52 所示。在使用自定义形状时,除了可以使用 Photoshop 自带的形状外,还可以载入外部形状。

在自定义形状属性栏中选中需要的形状后,将光标置于画布中并按住鼠标左键拖动,即可绘制所选样式的形状,如图 9.53 所示。

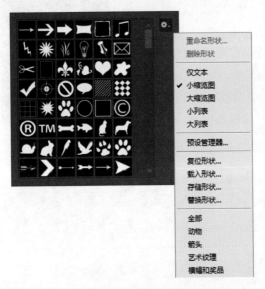

图 9.52 预设形状   图 9.53 自定义形状

观察发现,图中的形状变形严重,为避免此问题,在绘制形状之前,需要单击属性栏中的 按钮,并在弹出面板中选中"定义的比例"单选按钮,如图 9.54 所示。另外,使用快捷键

(a) 定义的比例   (b) 效果图

图 9.54 设置比例

216

也可以解决此问题,在绘制自定义形状时,按住 Shift 键或 Shift+Alt 组合键(以单击点为中心)进行创建,可以绘制原始比例的图像。

随学随练》

使用形状工具可以绘制多种形态的形状,矩形、圆角矩形、椭圆等形状的组合,可以制作复杂图像。本案例结合形状工具组的多种形状工具制作显微镜。

图 9.55　新建画布

【step1】　新建尺寸为 1000×1000 像素、分辨率为 72 像素/英寸、颜色模式为 RGB、白色背景的画布,如图 9.55 所示。

【step2】　选中椭圆工具 ⬭,在工具属性栏中设置绘图模式为"形状",将填充颜色设置为纯色 fd8369,描边设置为"无",将光标置于画布中,按住 Shift 键的同时按住鼠标左键并拖动,即可绘制正圆形状,如图 9.56 所示。选中该形状图层,按 Ctrl+A 组合键,选中移动工具,在属性栏中单击"垂直居中对齐" ⬛ 和"水平居中对齐" ⬛。

【step3】　执行"窗口"→"属性"命令,选中宽度与高度之间的链条 ⬤,在"宽度"输入框中输入数值 700,然后按 Enter 键,即可将正圆大小修改为 700×700,如图 9.57 所示。

图 9.56　绘制正圆

图 9.57　修改形状大小

【step4】　选中矩形工具 ▭,单击画布,在弹出的"创建矩形"对话框中,将宽度和高度分别设置为 64 像素、170 像素,单击"确定"按钮,然后在属性栏中将该矩形的填充颜色设置为黑色,如图 9.58 所示。

【step5】　在"图层"面板中选中黑色矩形图层,按 Ctrl+J 组合键原位复制该图层,将填充颜色修改为白色,按 Ctrl+[组合键将该复制图层下移一层,选中移动工具,按 ↑ 键将精确移动该矩形,如图 9.59 所示。

【step6】　选中矩形工具,单击鼠标左键,在弹出的"创建矩形"对话框中将宽度和高度分别设置为 38 像素、28 像素,单击"确定"按钮,在属性栏中将填充颜色设置为黑色,选中移动工具,将该矩形移动到合适位置,如图 9.60(a)所示。复制该矩形图像,并将颜色修改为白色,使用移动工具将复制的图像移动到黑色矩形的下方,如图 9.60(b)所示。

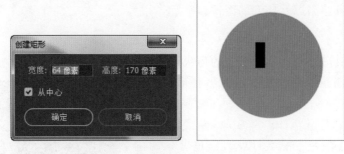

图 9.58　创建矩形

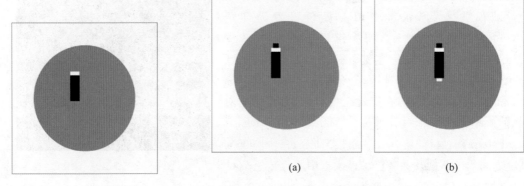

图 9.59　复制图层　　　　　　　　　　　　　(a)　　　　　　　　　　　　(b)

　　　　　　　　　　　　　　　　　　　　　　　图 9.60　创建矩形

【**step7**】　按住 Ctrl 键的同时单击以上步骤绘制的 4 个矩形图层，按 Ctrl＋G 组合键，将这 4 个图层编组，将光标置于图层组的名称上，双击鼠标左键，将图层组命名为"镜头"，如图 9.61 所示。

图 9.61　编组

【**step8**】 选中圆角矩形工具 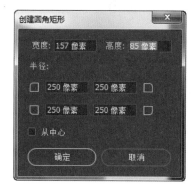，将鼠标置于画布中并单击鼠标左键，在弹出的"创建圆角矩形"对话框中将宽度与高度设置为 157 像素、85 像素，4 个角的圆角半径都设置为 250 像素，单击"确定"按钮，在属性栏中将形状的填充颜色设置为黑色，使用移动工具将图像移动到合适位置，如图 9.62 所示。

图 9.62　创建圆角矩形

【**step9**】 选中直接选择工具 ，单击圆角矩形，使该圆角矩形的锚点显示出来，然后将光标置于最左侧的锚点上，单击鼠标左键选中该锚点，按 Delete 键删除该锚点，如图 9.63 所示。

【**step10**】 选中椭圆工具，绘制 36×36 的圆形，并将颜色设置为白色，使用移动工具将该正圆形移动到合适位置，如图 9.64 所示。

图 9.63　删除锚点

图 9.64　绘制正圆形

【**step11**】 选中椭圆工具，将光标置于画布中并单击鼠标左键，在弹出的对话框中设置宽度和高度为 240 像素、240 像素，在属性栏中将填充设置为"无"，描边颜色设置为白色，描边大小设置为 45 像素，如图 9.65(a)所示。使用直接选择工具选中圆环的最左侧锚点，按 Delete 键删除该锚点，并将该图层移动到圆角矩形下，如图 9.65(b)所示。

【**step12**】 选中矩形工具，将光标置于画布中并单击鼠标左键，在弹出的对话框中将宽度与高度设置为 45 像素、80 像素，单击"确定"按钮，在属性栏中将矩形填充颜色设置为白色，如图 9.66 所示。

【**step13**】 按照上述方法绘制镜台、镜座，效果图如图 9.67 所示。

第9章

钢笔工具与形状工具

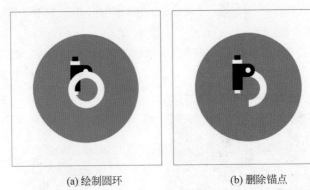

(a) 绘制圆环   (b) 删除锚点

图 9.65 绘制镜臂

图 9.66 绘制矩形

图 9.67 效果图

9.4 路径与形状编辑

使用钢笔工具和形状工具绘制好形状或路径后,经常需要对这些形状或路径进行再次编辑,从而使图像符合实际需要。在 Photoshop 的工具栏中,设置了路径选择工具和直接选择工具,使用这两种工具可以再次编辑路径,通过"路径"面板也可以对路径进行相关操作,本节将详细讲解路径与形状的再编辑操作。

9.4.1 路径选择工具

移动工具可以移动选中图层中的图像,例如文字、像素图像、形状等。若需要移动的对象是路径,那么必须使用路径选择工具 （快捷键为 A）,使用该工具可以移动路径、删除路径、复制路径等。

9.1 节中已经介绍了路径的概念,使用钢笔工具和形状工具可以绘制路径,也可以绘制带有路径的形状。当绘制的元素为形状时,使用路径选择工具移动的不仅是路径,也是形状,如图 9.68 所示;使用直接选择工具选中路径后,按 Delete 键,既会删除路径,也会删除形状。

使用移动工具搭配快捷键 Alt 可以复制图层内的图像,而使用路径选择工具搭配快捷键 Alt 可以复制路径,如图 9.69 所示。

(a) 原图

(b) 移动路径

图 9.68　移动路径

(a) 原始路径　　　　　　　(b) 复制路径

图 9.69　复制路径

9.4.2　直接选择工具

使用直接选择工具 ▶ 可以选中路径上的一个或多个锚点,然后对选中的锚点进行移动、删除等操作,如图 9.70 所示。若要选中多个锚点,可以按住 Shift 键的同时点选需要选中的锚点即可。

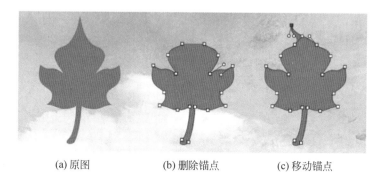

(a) 原图　　　　　　(b) 删除锚点　　　　　(c) 移动锚点

图 9.70　直接选择工具

直接选择工具的另一作用在于调节锚点的控制手柄,从而调整路径的弯曲程度和方向。选中直接选择工具后,单击需要调整的锚点,此时锚点的两条控制手柄显示出来,将光标置于需要调节的控制手柄的端点,按住鼠标左键并拖动即可调整路径,如图 9.71 所示。

9.4.3　"路径"面板

"路径"面板中设置了许多功能按钮,例如,填充路径、描边路径、载入选区、添加蒙版、删

钢笔工具与形状工具

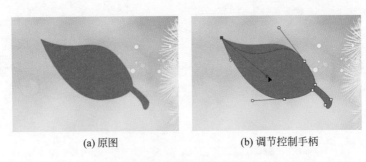

(a) 原图   (b) 调节控制手柄

图 9.71   调节控制手柄

除路径等,通过这些按钮可以实现相应的操作,如图 9.72 所示。值得注意的是,"路径"面板中的功能按钮有各自对应的场景,例如,若路径是形状路径,"路径"面板中的 ⬤、◉、❉ 都无法使用。

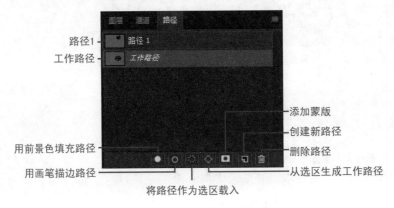

图 9.72   "路径"面板

用前景色填充路径 ⬤:使用钢笔工具或形状工具绘制路径后,在"路径"面板中选中该路径,然后单击 ⬤ 按钮,可以使该路径填充前景色,如图 9.73 所示。值得注意的是,此路径必须为"路径"模式下绘制的路径,形状路径不适用。

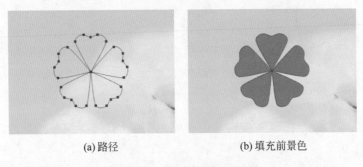

(a) 路径   (b) 填充前景色

图 9.73   用前景色填充路径

用画笔描边路径 ◉:此功能按钮可以将画笔工具与路径结合起来,从而绘制出精美的图像。先在"路径"面板中选中工作路径,然后选中画笔工具,并在属性栏中设置好画笔预设,单击"路径"面板中的 ◉ 按钮,即可为路径添加画笔描边,如图 9.74 所示。

将路径作为选区载入 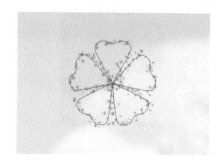：使用钢笔工具或形状工具绘制路径后，在"路径"面板中选中该路径，然后单击  按钮，可以将路径载入选区，如图9.75所示。

图9.74　用画笔描边路径

图9.75　将路径载入选区

从选区生成工作路径 ：使用选区工具绘制好选区后，单击"路径"面板中的 按钮，即可将选区转换为路径，如图9.76所示。

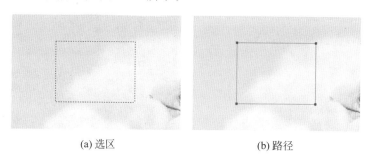

(a) 选区

(b) 路径

图9.76　从选区生成工作路径

创建新路径 ：单击该按钮，可以创建一个新路径，按住 Alt 键的同时单击该按钮，可以弹出"新建路径"对话框，并进行名称设置。将路径拖曳到"新建路径"图标 上，可以复制该路径。

删除路径 ：将路径拖曳到"删除路径"按钮 上，即可删除该路径。

路径1：存储的路径。

工作路径：临时的工作路径。若需要存储临时的工作路径，可以双击"路径"面板中的工作路径，在弹出的对话框中设置路径名称，单击"确定"按钮即可。

9.4.4　布尔运算

形状的布尔运算被广泛运用于图形设计中，特别是图标设计、logo 设计等。绘制形状时，根据实际需要，可以在形状属性栏中选择布尔运算的样式，如图9.77所示。

新建图层：每绘制一次形状，"图层"面板中都会新增一个形状图层，各个形状之间不会产生合并、交叉等运算，如图9.78所示。

合并形状：选中该选项（或按住 Shift 键的同时绘制新的形状），新绘制的图形会添加到原有的图形中，并且"图层"面板中不会新增

✓ ☐ 新建图层
☐ 合并形状
☐ 减去顶层形状
☐ 与形状区域相交
☐ 排除重叠形状
☐ 合并形状组件

图9.77　布尔运算

钢笔工具与形状工具

图 9.78　新建图层

形状图层,如图 9.79 所示。若要单独编辑合并形状中的某个形状,可以使用路径选择工具选中该形状的路径,然后进行移动、删除、自由变换等操作。

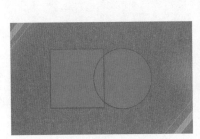

图 9.79　合并形状

减去顶层形状:选中该选项(或按住 Alt 键的同时绘制新的形状),可以从原来图形中减去新绘制的图形,并且"图层"面板中不会新增形状图层,如图 9.80 所示。

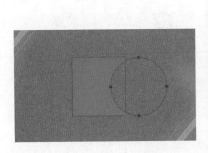
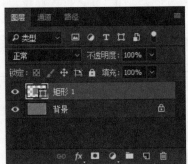

图 9.80　减去顶层形状

与形状区域相交:选中该选项(或按住 Shift＋Alt 组合键的同时绘制新的形状),可以得到新图形与原有图形的交叉区域,如图 9.81 所示。

排除重叠形状:选中该选项,可以得到新图形与原有图形重叠部分以外的区域,如图 9.82 所示。

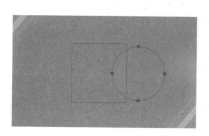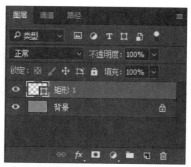

图 9.81　与形状区域相交

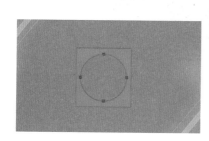

图 9.82　排除重叠形状

　　合并形状组件：使用布尔运算绘制完形状后，选中路径选择工具，单击某一路径，然后按住 Shift 键的同时单击其他的路径，可以同时选中多条路径，最后，在属性栏中选中"合并形状组件"选项，可以将选中的路径合并，如图 9.83 所示。

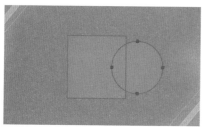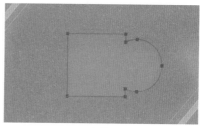

(a) 原始路径　　　　　　　　　　　　　　(b) 合并路径后

图 9.83　合并形状组件

随学随练》

　　形状的布尔运算运用十分广泛，不仅可以用来绘制图形图像，而且可以绘制功能图标，本案例结合形状工具与布尔运算绘制浏览器图标。

　　【step1】　新建尺寸为 1024 像素×1024 像素、分辨率为 72 像素/英寸、颜色模式为 RGB、背景颜色为 f5d6b8 的画布，如图 9.84 所示。

　　【step2】　选中圆角矩形工具 ，在属性栏中设置填充颜色值为 7559bf，将光标置于画布中，单击鼠标左键，在弹出的对话框中设置宽度和高度都为 512 像素，4 个圆角半径都设置为 90 像素，单击"确定"按钮，如图 9.85 所示。

钢笔工具与形状工具

图 9.84　新建画布

图 9.85　创建圆角矩形

【**step3**】　选中椭圆工具,在属性栏中将填充颜色设置为任意纯色,描边设置为"无",将光标置于画布中并单击鼠标左键,在弹出的对话框中设置宽度和高度均为 290 像素,单击"确定"按钮,如图 9.86 所示。

图 9.86　创建正圆形

【step4】 重复 step3 操作,绘制宽度和高度都为 214 像素的正圆,按 Ctrl 键的同时单击大圆的图层缩览图,将此大圆载入选区,然后选中移动工具的同时选中小圆图层,在属性栏中单击"垂直居中对齐"按钮 ⬛ 和"右对齐"按钮 ⬛,如图 9.87 所示。

图 9.87　绘制正圆形

【step5】 选中"椭圆 2"图层,按 Ctrl+J 组合键复制该图层,并将复制的图层命名为"椭圆 3",单击图层缩览图前的 ⬛ 图标,使该图层不可见。

【step6】 按住 Shift 键的同时单击"椭圆 1"图层和"椭圆 2"图层,然后执行"图层"→"合并形状"→"减去顶层形状"命令,如图 9.88 所示。

图 9.88　减去顶层形状

【step7】 选中矩形工具,在属性栏中设置绘图模式为"形状",然后在"图层"面板中选中"椭圆 2"图层,按住 Alt 键的同时绘制矩形(减去顶层形状),使矩形的最上面的边切入月牙的中心,如图 9.89(a)所示。减去月牙形状的下半部分后,在形状属性栏的布尔运算中选择"合并形状组件"选项,使路径合并,如图 9.89(b)所示。

【step8】 单击"椭圆 3"图层缩览图前的 ⬛ 图标,使该形状图层可见,在属性中重置形状的填充颜色,使形状的颜色与图 9.89 中的月牙形状区分开,如图 9.90(a)所示。使用椭

228

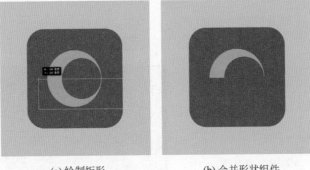

(a) 绘制矩形   (b) 合并形状组件

图 9.89   减去顶层形状

圆工具再绘制一个宽度和高度都为 138 像素的正圆,命名为"椭圆 4",使用移动工具使新绘
制的形状与"椭圆 3"图层中的圆形左对齐、垂直居中对齐,如图 9.90(b)所示。

(a) 重置颜色   (b) 绘制正圆

图 9.90   绘制正圆

【step9】   同时选中"椭圆 3"图层和"椭圆 4"图层,执行"图层"→"合并形状"→"减去顶
层形状"命令,如图 9.91 所示。

图 9.91   减去顶层形状

【step10】 重复 step7 的操作,减去黄色月牙图像的下半部分,如图 9.92 所示。

图 9.92　减去顶层形状

【step11】 选中"椭圆 2"图层与"椭圆 4"图层,按 Ctrl＋J 组合键复制这两个图层,按 Ctrl＋T 组合键调出自由变换窗口,然后单击鼠标右键,在列表选项中选择"垂直翻转",按 Enter 键完成自由变换,如图 9.93(a)所示。选中移动工具,按 ↓ 键将复制的两个图层移动到原图的下方,如图 9.93(b)所示。

(a) 自由变换　　　　　　　　　　(b) 移动图像

图 9.93　复制图层

【step12】 选中复制的两个图层,按 Ctrl＋T 组合键调出自由变换窗口,然后单击鼠标右键,在列表选项中选择"水平翻转",按 Enter 键完成自由变换,如图 9.94(a)所示。同时选中"椭圆 2"图层和"椭圆 4 拷贝"图层,按 Ctrl＋E 组合键将选中的两个图层合并为一个图层;同时选中"椭圆 4"和"椭圆 2 拷贝"图层,按 Ctrl＋E 组合键将选中的两个图层合并为一个图层,如图 9.94(b)所示。

【step13】 选中其中一个月牙图层,选中形状工具,在属性栏中设置填充样式为"渐变",如图 9.95(a)所示。单击色彩渐变条,在渐变编辑器中单击色彩条下方的色标█,将色值设置为 ab8bff,单击右侧的█,将色值设置为 ffffff,然后单击"新建"按钮,将设置好的渐变样式保存到预设选项中,如图 9.95(b)所示。

钢笔工具与形状工具

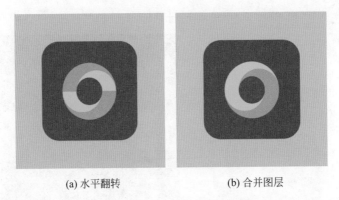

(a) 水平翻转   (b) 合并图层

图 9.94　合并图层

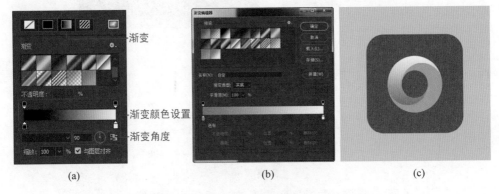

(a)   (b)   (c)

图 9.95　设置渐变

【step14】　选中另一个月牙图层,选中形状工具,在属性栏中设置填充样式为"渐变",在预设渐变中选中上一步中新建的渐变样式,然后单击"反向渐变颜色"按钮 ,效果图如图 9.96 所示。

图 9.96　效果图

9.4.5　羽化形状

第 4 章讲解选区时,提及选区的羽化操作,同样地,形状图像也可以进行羽化。首先使用钢笔工具或形状工具绘制一个形状,然后执行"窗口"→"属性"命令,在弹出的对话框中选中 ,即可进行羽化值的设置。

打开一个背景图像,然后选中椭圆工具,绘制一个正圆形,填充为黑色,如图 9.97(a)所示。选中圆形图层,执行"窗口"→"属性"命令,单击 ◉ 按钮,设置羽化值,然后使用自由变换压扁圆形,得到如图 9.97(b)所示的效果。

(a)

(b)

图 9.97 羽化形状

小 结

本章针对钢笔工具和形状工具设置了 4 节内容,9.1 节讲解了矢量工具基础知识,9.2 节详细介绍钢笔工具组中各个工具的使用方法,9.3 节阐述了形状工具组中各种工具的使用,9.4 节讲解了路径与形状的再编辑操作。通过本章学习,读者能够熟练掌握钢笔工具和形状工具的用法,其中,需要重点掌握的是钢笔工具抠图和形状工具的布尔运算。

习 题

1. 填空题

(1) 钢笔工具的快捷键为_____。

(2) 钢笔工具组包括_____、_____、_____、_____、_____、转换点工具。

(3) 形状工具的快捷键为_____。

(4) 形状工具组包括_____、_____、_____、_____、_____、自定形状工具。

(5) 形状工具属性栏的绘图样式包括_____、_____、像素。

2. 选择题

(1) 如果要绘制开放路径,那么需要绘制完最后一段路径后,按住( )键的同时单击鼠标左键。

    A. Alt   B. Shift

    C. Ctrl   D. Shift+Alt 组合

(2) 使用钢笔工具时,按住( )键可以切换为转换点工具。

    A. Alt   B. Shift

    C. Ctrl   D. Ctrl+Alt 组合

(3) 使用矩形工具绘制形状时,按住( )键可以绘制正方形。

    A. Ctrl   B. Ctrl+Alt 组合   C. Alt   D. Shift

(4) 如果要绘制正圆形,需要在选中椭圆工具后,按住鼠标左键拖曳的同时,按住( )键。

    A. Ctrl   B. Ctrl+Alt 组合   C. Alt   D. Shift

(5) 路径选择工具的快捷键是( )。

    A. E   B. B   C. A   D. I

3. 思考题

(1) 简述形状工具属性栏中的布尔运算的使用方法。

(2) 简述钢笔工具抠图的基本步骤。

4. 操作题

使用钢笔工具抠取图 9-1.jpg 中的瓶子,如图 9.98 所示。

图 9.98   图 9-1.jpg

第 10 章 图层样式与图层混合模式

视频讲解

本章学习目标：

- 熟练掌握图层样式的相关知识。
- 掌握图层混合模式的使用。

在 Photoshop 中，图层是图像的基石，使用工具栏中的画笔工具、文字工具、形状工具等绘制相关元素后，可以为这些图形添加多种多样的图层样式。另外，通过设置图层的混合模式可以使上层图层与下层图层的颜色产生多种样式的混合，从而产生独特的色彩效果。本章将详细讲解各种图层样式的设置方法和各种图层混合模式的特点。

10.1　图　层　样　式

Photoshop 提供了多种图层样式，使用这些图层样式可以为图层添加多种样式的图层效果，例如，斜面与浮雕、描边、内阴影、内发光、颜色叠加、渐变叠加、图案叠加、外发光、投影等，如图 10.1 所示。选中某一项图层样式后，可以进入参数设置面板设置相关参数，从而使图层中的图像具有特殊的效果。本节将详细讲解这些图层样式的使用方法。

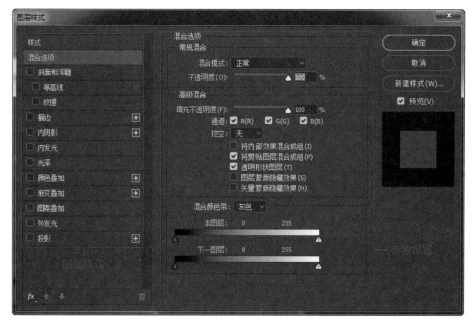

图 10.1　图层样式

10.1.1 添加图层样式

在 Photoshop 中,可以使用多种方式为图层添加图层样式,第一种方式是在"图层"面板中选中需要添加图层样式的图层,然后执行"图层"→"图层样式"命令,在右侧的列表中选中所需的样式,即可进入"图层样式"面板,如图 10.2(a)所示。第二种方法是先选中需要添加图层样式的图层,然后将光标置于图层名称后方的空白处,双击鼠标左键即可调出"图层样式"面板,如图 10.2(b)所示。另外,单击"图层"面板中的 fx 按钮,在弹出的列表中选中所需的样式,也可调出"图层样式"面板,如图 10.2(c)所示。

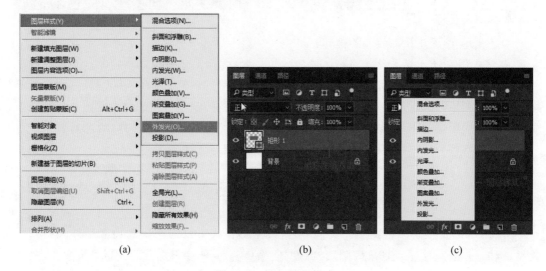

(a)　　　　　　　　　　(b)　　　　　　　　　　(c)

图 10.2　添加图层样式

在"图层"面板中设置完成所选样式的相关参数外,单击"确定"按钮,即可为图层创建图层样式,如图 10.3(a)所示。创建好图层样式后,该图层后方出现 fx 标志,单击其后的三角箭头,可以将效果列表折叠起来,再次单击,可以展开效果列表,如图 10.3(b)所示。

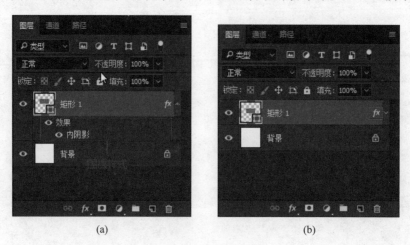

(a)　　　　　　　　　　　　(b)

图 10.3　创建图层样式

添加图层样式后,可以对该图层样式进行再编辑,包括修改、隐藏、删除、复制等。若需要修改已创建图层样式中的参数,可以将光标置于需要修改的样式名称上,然后双击鼠标左键,即可调出"图层样式"设置面板,如图 10.4(a)所示。若需要隐藏已创建的图层样式,可以在"图层"面板中单击样式名称前的 ◉ 图标。若需要删除已创建的图层样式,可以将该图层样式拖曳到"删除"按钮上,如图 10.4(b)所示。

(a) 再次编辑参数 (b) 删除

图 10.4 修改图层样式

在某些特殊情况下,需要将某个图层的图层样式复制到另一个图层上,此时可以先选中需要复制图层样式的图层,单击鼠标右键,在弹出的列表中选择"拷贝图层样式"选项,然后选中需要粘贴图层样式的图层,单击鼠标右键并在弹出的选项中选中"粘贴图层样式"选项即可。另外,也可以将光标置于需要复制的图层样式上,按住 Alt 键的同时按住鼠标左键将样式拖曳到另一图层上,松开鼠标即可。

10.1.2 斜面和浮雕

"斜面和浮雕"样式可以为图层添加阴影和高光,从而使图像产生立体效果,如图 10.5 所示。

(a) 无图层样式 (b) 添加"斜面和浮雕"

图 10.5 斜面和浮雕

在"图层"面板中选中一个图层(背景图层除外),鼠标左键双击图层名称后方的空白处,在弹出的"图层样式"面板中勾选"斜面和浮雕"选项,然后单击该样式的名称,即可在右侧的设置面板中设置"斜面与浮雕"的各项参数,如图 10.6 所示。

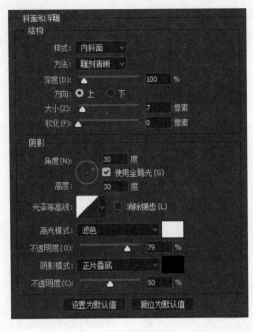

图 10.6　参数设置

样式：单击下拉按钮，可以选择斜面和浮雕的样式，包括外斜面、内斜面、浮雕效果、枕状浮雕和描边浮雕。其中，外斜面是指在图像的外侧边缘创建斜面；内斜面指在图像的内侧边缘创建斜面；浮雕效果可以使图像相对于下层图层产生浮雕状的效果；选中"枕状浮雕"，可以模拟图像的边缘嵌入到下层图层中产生的效果；选中"描边浮雕"，可以将浮雕应用于图层的描边样式的边界；若该图层未添加描边样式，则不会产生效果，如图 10.7 所示。

(a)外斜面　　　(b)内斜面　　(c)浮雕效果　　(d)枕状浮雕　　(e)描边浮雕

图 10.7　样式

方法：单击下拉按钮，可以选择浮雕的效果，包括平滑、雕刻清晰和雕刻柔和。选择"平滑"选项，可以使浮雕的边缘柔和；选中"雕刻清晰"选项，可以使浮雕的边缘最清晰；选中"雕刻柔和"选项，可以得到中等水平的浮雕效果，如图 10.8 所示。

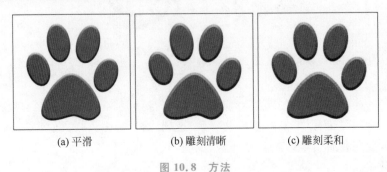

(a) 平滑　　　　　　　　(b) 雕刻清晰　　　　　　　(c) 雕刻柔和

图 10.8　方法

深度：拖动控制条上的滑块或在输入框中输入参数，可以调整浮雕的深度，值越大，浮雕效果的立体感越强，如图10.9所示。

(a) 深度为60%　　　　　　　　　　(b) 深度为240%

图10.9　深度

方向：用来改变高光与阴影的方向。选中"上"，光源从上往下照射，高光区域在上方，阴影在下方；选中"下"，光源从下往上照射，高光区域在下方，阴影在上方。

大小：拖动控制条上的滑块或在输入框中输入参数，可以调整斜面和浮雕的阴影面积的大小。

软化：用来控制斜面和浮雕的平滑程度，数值越大，平滑程度越大，如图10.10所示。

(a) 软化为0像素　　　　　　　　　　(b) 软化为10像素

图10.10　软化

角度/高度："角度"选项用来设置光源的发光角度，"高度"选项用来设置光源的高度。

使用全局光：勾选该选项，会使所有图层的浮雕样式的光照角度都相同。

高光模式/不透明度：单击后方的色块，可以在拾色器中设置高光颜色，拖动不透明度的滑块或输入参数，可以控制高光的不透明度。

阴影模式/不透明度：单击后方的色块，可以在拾色器中设置阴影颜色，拖动不透明度的滑块或输入参数，可以控制阴影的不透明度。

设置为默认值/复位为默认值：单击"设置为默认值"选项，可以将以上设置的参数保存为默认值。单击"复位为默认值"选项，可以将以上参数复位为默认值。

10.1.3　描边

使用"描边"样式可以为图像添加纯色、渐变、图案描边。在"图层样式"面板中勾选"描边"选项，并单击"描边"名称，可以在右侧设置描边的相关参数，如图10.11所示。

大小：拖动控制条的滑块或在输入框中输入参数，可以改变描边的粗细，数值越大，描边越粗。

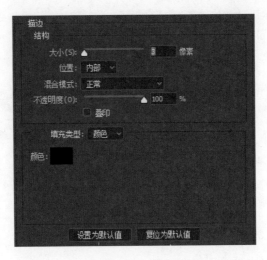

图 10.11　描边

位置：单击"位置"后的下拉按钮 ∨，可以在下拉列表中选择"内部""外部"或"居中"，如图 10.12 所示。

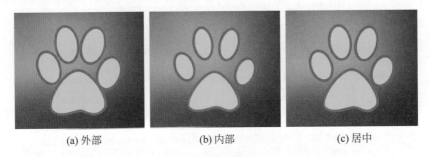

(a) 外部　　　　　　　　(b) 内部　　　　　　　　(c) 居中

图 10.12　位置

混合模式：单击后面的状态框，可以选择需要的混合模式（关于混合模式的知识将在 10.3 节讲解）。

不透明度：拖动控制条的滑块或在输入框中输入参数，可以调整描边的不透明度。

填充类型：单击后的状态框，可以选择填充的类型，包括颜色、渐变和图案。当选中"颜色"选项时，可以单击下方的色块，并在拾色器中设置描边颜色；当选中"渐变"选项时，可以设置渐变颜色、样式、角度等；当选中"图案"选项时，可以选择图案的样式，如图 10.13 所示。

(a) 颜色　　　　　　　　(b) 渐变　　　　　　　　(c) 图案

图 10.13　填充类型

10.1.4 内阴影

使用"内阴影"样式可以为图像添加内凹的阴影效果,在"图层样式"面板中勾选"内阴影"选项后,可以在右侧设置相关参数,如图 10.14 所示。

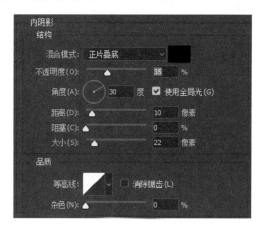

图 10.14　内阴影

混合模式:单击该状态框,可以在下拉列表中选择需要的混合模式。

阴影颜色:单击混合模式后的色块,可以在拾色器中设置阴影的颜色。一般情况下,当颜色设置为黑色或暗色时,混合模式为"正片叠底",当阴影颜色设置为白色时,需要将混合模式设置为"滤色",以此绘制高光效果,如图 10.15 所示。

(a)内阴影　　　　　　　　　　　(b)高光

图 10.15　阴影颜色

不透明度:拖曳控制条的滑块或在输入框中输入数值,即可改变内阴影的不透明度,数值越大,阴影颜色越清晰。

角度:拖动指针或在输入框中输入参数,即可改变内阴影的角度,取值范围是$-180°\sim180°$,如图 10.16 所示。若勾选其后的"使用全局光"选项,会使所有图层样式的光照角度都相同。

距离:拖动滑块或者在输入框中输入数值,可以设置内阴影与当前图像的距离,数值越大,偏移的距离越大。

大小:拖动滑块或在输入框中输入数值,可以设置内阴影的模糊范围,数值越大,模糊的范围越大。

图层样式与图层混合模式

(a) 30°　　　　　　　　　　　(b) −130°

图 10.16　角度

随学随练 »

　　使用图层样式可以制作许多具有光影效果的图像,从而使绘制的图像更接近真实的事物,本案例将结合形状工具和"内阴影"样式绘制水滴。

　　【step1】　打开素材图 10-1.jpg,如图 10.17 所示。

　　【step2】　选中椭圆工具,在属性栏中设置绘图方式为"形状",填充设置为无填充,描边设置为无描边,在画布中绘制椭圆形状,如图 10.18 所示。

图 10.17　打开素材

图 10.18　绘制椭圆形状

　　【step3】　按 Ctrl＋T 组合键,调出自由变换定界框,顺时针旋转,使椭圆的走向与树叶的方向一致。然后选中直接选择工具,选中椭圆的锚点,通过拖动控制手柄调整椭圆的形状,使椭圆变为水滴下垂的形状,如图 10.19 所示。

　　【step4】　选中椭圆形状图层,按 Ctrl＋Enter 组合键将椭圆形状转换为选区,然后按 Ctrl＋J 组合键复制选区内的图像,并将复制后得到的图层名称修改为"水滴",如图 10.20 所示。

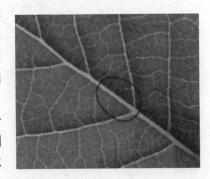

图 10.19　调整椭圆形状

　　【step5】　选中"水滴"图层,执行"滤镜"→"扭曲"→"球面化"命令,在弹出的对话框中设置"数量"为 50%,单击"确定"按钮后再执行一次此命令,如图 10.21 所示。

图 10.20　复制图层

图 10.21　球面化

【**step6**】　选中该"水滴"图层,双击图层名称后的空白处,在弹出的"图层样式"面板中勾选"内阴影",并设置各参数,如图 10.22(a)所示,单击"确定"按钮,水滴初具立体效果,如图 10.22(b)所示。

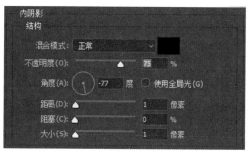

(a) 内阴影参数

(b) 效果

图 10.22　添加图层样式

【**step7**】　按 Shift+Ctrl+Alt+N 组合键新建空白图层,然后按住 Ctrl 键的同时,单击"水滴"图层的缩览图,将前景色设置为黑色,选中新建的空白图层,并按 Alt+Delete 组合键将选区填充为黑色,如图 10.23 所示。

【**step8**】　选中水滴阴影图层,按 Ctrl+[组合键将该图层向下移动一层,然后在"图层"面板中将该图像的不透明度设置为 30%,选中移动工具,按↓键使该阴影图像向下移动 1像素,按→键使阴影图像向右移动 1 像素,如图 10.24 所示。

图 10.23　创建水滴阴影

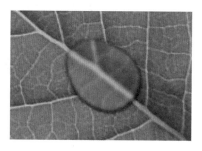

图 10.24　设置水滴阴影

图层样式与图层混合模式

【step9】 按 Shift＋Ctrl＋Alt＋N 组合键新建空白图层,选中椭圆选框工具,在水滴的上半部分绘制椭圆选区,如图 10.25 所示。

【step10】 按 Shift＋F6 组合键,在弹出的对话框中将羽化半径设置为 5 像素,单击"确定"按钮。然后将前景色设置为白色,按 Alt＋Delete 组合键将该选区填充为白色,按 Ctrl＋D 组合键取消选区,效果图如图 10.26 所示。

图 10.25 绘制高光选区

图 10.26 效果图

10.1.5 内发光

使用"内发光"样式可以沿着图像边缘向内创建发光效果,在图层样式中勾选"内发光"选项后,单击该样式的名称,可以在右侧设置相关参数,如图 10.27 所示。

图 10.27 内发光

混合模式:单击其后方的状态框,可以在下拉列表中选中所需的混合样式,默认为滤色。

不透明度:拖曳控制条的滑块或在输入框中输入数值,即可改变该样式的不透明度。

杂色：在内发光效果中添加随机的杂色，使边缘呈现颗粒感，如图 10.28 所示。

(a) 杂色为0   (b) 杂色为8

图 10.28　杂色

颜色：单击"杂色"下方的色块，可以在拾色器中设置内发光的颜色。

大小：设置光晕范围的大小。

10.1.6　光泽

使用"光泽"样式可以为图像添加具有光泽的内部阴影，在图层样式中勾选"光泽"选项后，单击该样式的名称，可以在右侧设置相关参数，如图 10.29 所示。

在"光泽"参数面板中可以设置光泽的混合模式、不透明度、角度、距离、大小、等高线等，在此不再赘述。

10.1.7　颜色叠加

使用"颜色叠加"样式可以改变图像的颜色，在图层样式中勾选"颜色叠加"选项后，单击该样式的名称，可以在右侧设置相关参数，如图 10.30 所示。

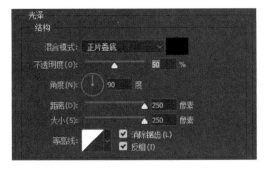

图 10.29　光泽

图 10.30　颜色叠加

混合模式：单击其后方的状态框，可以在下拉列表中选中所需的混合样式，默认为正常。

颜色：单击混合模式后的色块，可以在弹出的拾色器中设置颜色。

不透明度：拖动滑块会在输入框中输入参数，即可改变颜色的不透明度。

设置好颜色叠加的各项参数后，单击"确定"按钮，即可为选中图层添加颜色叠加样式，如图 10.31 所示。

图层样式与图层混合模式

(a) 原图　　　　　　　　　　　　　　　　(b) 颜色叠加

图 10.31　颜色叠加

10.1.8　渐变叠加

使用"渐变叠加"样式可以为图像添加颜色渐变,单击"渐变叠加"选项,可以在右侧设置相关参数,如图 10.32 所示。值得注意的是,若选中图层已添加了"颜色叠加"样式,那么为该图层添加渐变叠加无效。

图 10.32　渐变叠加

渐变:单击其后的色彩条,可以在弹出的渐变编辑器中设置渐变样式,如图 10.33 所示。勾选"反向",可以使渐变的颜色倒转。

(a) 原图　　　　　　　　　　　　　　　　(b) 渐变叠加

图 10.33　渐变

样式:单击此状态框,可以在下拉列表中选择渐变的样式,包括"线性""径向""角度""对称"和"菱形"。

角度:按住鼠标左键拖动或在输入框中输入参数,可以改变渐变的角度,取值范围为 $-180°\sim180°$。

10.1.9 图案叠加

使用"图案叠加"样式可以为图像添加图案,单击"图案叠加"选项,可以在右侧设置相关参数,如图 10.34 所示。值得注意的是,若选中图层已添加了"颜色叠加"样式或"渐变叠加"样式,那么为该图层添加图案叠加无效。

图案:单击后方的 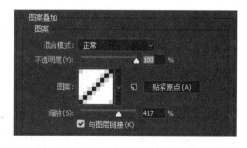 按钮,可以在弹出的预设图案中选择需要的图案,也可以单击右上角的 按钮,载入下载的图案或追加图案。

缩放:拖动控制条上的滑块或在输入框中输入参数,可以改变图案的大小,如图 10.35 所示。

图 10.34　图案叠加

(a) 缩放值为55%

(b) 缩放值为150%

图 10.35　图案缩放

10.1.10　外发光

使用"外发光"样式可以为图像添加外发光效果,在"图层样式"面板中单击"外发光"选项,可以在右侧设置相关参数,如图 10.36 所示。

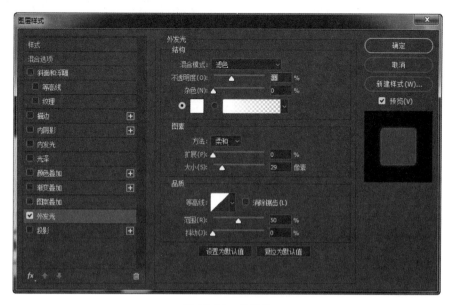

图 10.36　外发光

图层样式与图层混合模式

"外发光"的参数设置与"内发光"相似,在此不再赘述。选中需要添加外发光样式的图层,鼠标左键双击图层名称后的空白处,在弹出的图层样式中选中"外发光"选项,然后在右侧设置相关参数,单击"确定"按钮后即可,如图 10.37 所示。

(a) 原图   (b) 外发光

图 10.37 "外发光"样式

10.1.11 投影

使用"投影"样式可以为图像添加阴影,从而使图像具有光影效果。在"图层样式"面板中单击"投影"选项,可以在右侧设置相关参数,如图 10.38 所示。

单击"混合模式"后的色块,可以在拾色器中设置投影的颜色。通过拖动"角度"后的指针可以调节投影的角度。其他的参数与以上图层样式中的参数一样,在此不再赘述。设置好各项参数后,单击"确定"按钮即可,如图 10.39 所示。

随学随练》

在 Photoshop 中,使用图层样式可以绘制具有光影效果的逼真图像,本案例结合多种图层样式绘制拟物播放器图标。

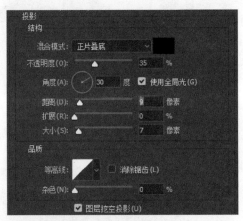

图 10.38 投影

(a) 原图   (b) 投影

图 10.39 "投影"样式

【step1】 新建尺寸为 700 像素×700 像素、分辨率为 72 像素/英寸、背景颜色为 #309ccd 的画布，如图 10.40 所示。

【step2】 选中圆角矩形工具，在属性栏中将绘图模式设置为"形状"，将光标置于画布中，单击鼠标左键，在弹出的对话框中将宽度和高度都设置为 512 像素，圆角半径都设置为 90 像素，如图 10.41(a)所示。单击"确定"按钮后，在形状工具属性栏中将填充设置为纯色c4e9f8，然后使圆角矩形以画布中心对齐，如图 10.41(b)所示。

【step3】 鼠标左键双击圆角矩形图层名称后的空白处，在弹出的对话框中选中"斜面和浮雕"选项，在参数设置中设置相关参数，如图 10.42(a)所示。单击"确定"按钮后，效果如图 10.42(b)所示。

图 10.40　新建画布

(a) 参数设置

(b) 创建圆角矩形

图 10.41　新建圆角矩形

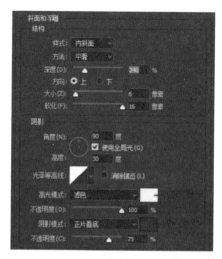

(a) 参数设置

(b) 斜面和浮雕

图 10.42　斜面和浮雕

图层样式与图层混合模式

【step4】 再次调出"图层样式"面板,选中"投影"选项,在参数设置中设置相关参数,如图 10.43 所示,

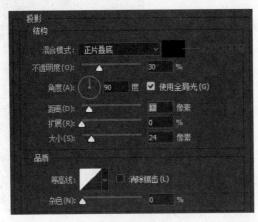

(a) 参数设置　　　　　　　　　　(b) 投影

图 10.43　投影

【step5】 选中椭圆工具,在属性栏中将绘图模式设置为"形状",将光标置于画布中,单击鼠标左键,在弹出的对话框中将宽度和高度设置为 440 像素,单击"确定"按钮后,将该圆形对齐到画布中心,如图 10.44 所示。

【step6】 选中绘制的圆形形状,在工具属性栏中将填充设置为线性渐变,如图 10.45 所示。

【step7】 单击"确定"按钮后,为该圆形形状图添加内阴影,如图 10.46 所示。

【step8】 为圆形形状图添加内阴影后,还需要添加投影,如图 10.47 所示。

图 10.44　新建圆形

图 10.45　设置为线性渐变

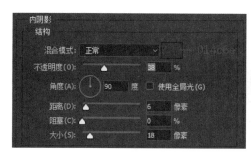
(a) 背光面

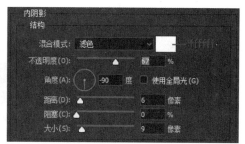
(b) 受光面

图 10.46　内阴影

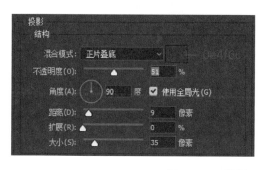

图 10.47　投影

【step9】　选中椭圆形状,绘制大小为 390 像素×390 像素的圆形形状,并且使该圆形与画布中心对称。在形状属性栏中设置填充为角度渐变,如图 10.48 所示。

图 10.48　椭圆形状

【step10】　选中 step9 绘制的圆形图层,执行"滤镜"→"模糊"→"径向模糊"命令,此时弹出警示框,选择"转换为智能对象",在"径向模糊"面板中设置相关参数,如图 10.49(a)所示。单击"确定"按钮后,为该图层添加内发光样式,效果图如图 10.49(c)所示。

【step11】　选中椭圆工具,绘制大小为 264 像素×264 像素的圆形形状,并使该圆形与画布中心对齐,在属性栏中设置填充色为 e8f5fb,如图 10.50 所示。

【step12】　为 step11 绘制的圆形添加斜面和浮雕与投影,参数设置如图 10.51 所示。

图层样式与图层混合模式

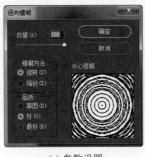
(a) 参数设置

(b) 内发光

(c) 效果图

图 10.49　径向模糊

图 10.50　绘制椭圆

(a) 斜面和浮雕

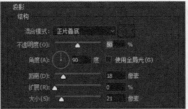
(b) 投影

(c) 效果图

图 10.51　添加图层样式

【step13】　选中多边形工具,在属性栏中设置边数为3,单击路径选项 ⚙,半径设置为 80 像素,不勾选"平滑拐角"和"星形",然后将光标置于画布中,按住鼠标左键并拖曳,即可绘制三角形,在属性栏中将填充颜色设置为色值为 34ade4 与 99daf3 的线性渐变,如图 10.52 所示。

【step14】　执行"文件"→"脚本"→Corner Editor(在浏览器中搜索并下载该工具文件,按照操作步骤将该工具配置到 Photoshop 中),在弹出的对话框的输入框中输入参数 10,然后

图 10.52　绘制三角形

单击 ，单击 Close 按钮即可，如图 10.53 所示。

图 10.53　直角转圆角

【step15】　为该圆角三角形添加内阴影，如图 10.54 所示。

【step16】　效果图如图 10.55 所示。

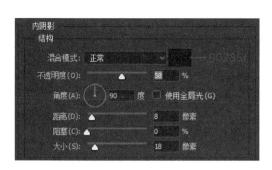

图 10.54　内阴影参数　　　　　　　　　　　　　图 10.55　效果图

10.2　管理图层样式

图层样式创建完成后，鼠标左键双击图层样式的名称，可以进入图层样式参数设置面板，从而进行参数调整。同时，还可以对这些图层样式进行多种操作，如显示与隐藏、复制与粘贴、删除等，本节将详细讲解这些操作。

10.2.1　显示与隐藏

10.1 节讲解了各种图层样式的表现形式，创建好图层样式后，该图层下方会显示图层样式的名称，图层样式名称前有 图标，表示该图层样式可见，如图 10.56(a) 所示。单击 图标即可隐藏该图层样式，如图 10.56(b) 所示。若需要将隐藏的图层样式显示出来，再次单击该图标位置即可。

图层样式与图层混合模式

(a) 显示　　　　　　　　(b) 隐藏

图 10.56　显示/隐藏图层样式

以上内容讲解了隐藏某一项图层样式的操作方法,若要将某一图层的所有图层样式全部隐藏,可以单击"效果"前的 👁 图标,如图 10.57 所示。

(a) 显示　　　　　　　　(b) 隐藏

图 10.57　全部显示/隐藏图层样式

10.2.2　复制与粘贴

一个图层的图层样式可以复制到另一图层,先选中图层样式所在的图层,单击鼠标右键,在弹出的列表中选中"拷贝图层样式"选项,如图 10.58(a)所示,然后选中需要粘贴图层样式的图层,单击鼠标右键,在弹出的列表中选中"粘贴图层样式"选项即可,如图 10.58(b)所示。

(a) 拷贝图层样式　　　　　　(b) 粘贴图层样式

图 10.58　复制与粘贴

另外,还可以使用一种更为便捷的方式复制粘贴图层样式。首先将鼠标光标置于需要复制的图层样式上,可以是全部图层样式(光标置于"效果"上),也可以是某一种图层样式,然后按住 Alt 键的同时按住鼠标左键拖动到另一图层上,松开鼠标左键即可将图层样式复制到该图层,如图 10.59 所示。

图 10.59　复制粘贴图层样式

10.2.3　删除

图层样式创建后,可以将多余的图层样式删除。首先将光标置于需要删除的图层样式上,然后按住鼠标左键的同时拖动到 🗑 图标上,松开鼠标后,该图层样式即可被删除,如图 10.60 所示。

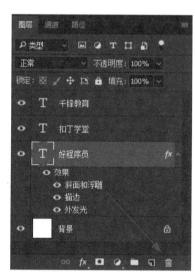

图 10.60　删除图层样式

10.3　图层混合模式

在现实生活中,将不同颜色的颜料进行混合,可以产生不同的色彩效果。在 Photoshop 中,上层图像会覆盖下层图像,利用"图层"面板的混合模式可以使上层图像与下层图像产生

图层样式与图层混合模式

颜色的混合。

在"图层"面板中选择除背景图层外的任意图层,单击混合模式状态栏 正常 ,可以在弹出的列表中选择需要的混合模式,例如,正常、正片叠底、滤色、叠加等,本节将详细讲解这些混合模式的使用。

10.3.1 正常/溶解

默认情况下,图层的混合模式为正常,当上层图层的不透明度和填充都为 100％时,上层图层的图像会覆盖下层,若将上层图层的不透明度降低,则可以使下层图层的图像显示出来,如图 10.61 所示。

(a) 不透明度为100%   (b) 不透明度为60%

图 10.61　正常

当上层图层的不透明度和填充都为 100％时,将图层的混合模式切换为溶解,不会产生任何效果。若将不透明度或填充设置为小于 100％,上层图层的图像会产生点状颗粒效果,如图 10.62 所示。值得注意的是,当将不透明度或填充参数降低到 100％以下,图像产生颗粒效果后,若将不透明度或填充恢复到 100％,图像边缘会保留部分颗粒效果。

(a) 不透明度为100%   (b) 不透明度为90%

图 10.62　溶解

10.3.2 加深模式

加深的混合模式包括变暗、正片叠底、颜色加深、线性加深、深色,这些混合模式都可以使图像变暗,当前图层的亮色部分会被下层较暗的像素代替。

变暗:上层图层中的亮色区域被下层图层的暗色区域代替,上层图像中的暗色区域不变,如图 10.63 所示。

(a) 正常模式　　　　　　　　　　　　　　　(b) 变暗模式

图 10.63　变暗

正片叠底：在该模式下，任何颜色与黑色混合产生黑色，任何颜色与白色混合保持不变，通常用于保留上层图层的暗色区域、去除亮色区域，如图 10.64 所示。

(a) 正常模式　　　　　　　　　　　　　　　(b) 正片叠底模式

图 10.64　正片叠底

颜色加深/线性加深：颜色加深模式可以通过增加对比度使像素颜色加深，下层图层白色不变，如图 10.65(a) 所示。线性加深模式通过减小亮度使像素变暗，白色混合不产生任何变化，如图 10.65(b) 所示。

(a) 颜色加深　　　　　　　　　　　　　　　(b) 线性加深

图 10.65　颜色/线性加深

255

深色：通过比较两个图像的所有通道的数值的总和，上层图像显示数值较小的颜色，如图 10.66 所示。

图层样式与图层混合模式

随学随练 »

正片叠底可以使图像保留暗色部分,去除亮色部分,本案例运用正片叠底的混合模式结合其他工具,制作精美的节气海报。

【step1】 新建尺寸为 1320 像素×1880 像素、分辨率为 150 像素/英寸的白色画布,将前景色色值设置为♯329cb7,填充背景图层,如图 10.67 所示。

图 10.66 深色

图 10.67 新建画布

【step2】 打开素材图 10-2.jpg、10-3.png,首先将图 10-2.jpg 复制到新建的画布中,在"图层"面板中将图层的混合模式设置为"正片叠底",然后将图 10-3.png 复制到新建的画布中,移动到画布底部,也将混合模式设置为"正片叠底",如图 10.68 所示。

【step3】 新建一个空白图层,将前景色设置为白色,选中画笔工具,设置笔触为柔边缘画笔,在画布上单击绘制白色图像,按 Ctrl+T 组合键,单击鼠标右键,选中"变形"选项,对图像进行变形操作,适当降低图像的不透明度,如图 10.69 所示。

图 10.68 运用正片叠底

图 10.69 绘制白色图像

【**step4**】 选中椭圆工具,绘制大小为 950 像素×950 像素的正圆形,填充的颜色设置为 ♯2b8aa4,使圆形图像与画布水平居中对齐,然后双击图层名称后的空白处,为该圆形添加内阴影样式,设置相关参数,如图 10.70(a)所示。单击"确定"按钮后,得到的图像如图 10.70(b)所示。

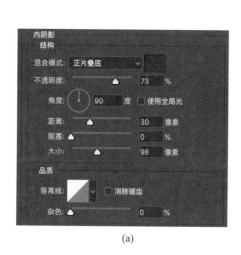

(a)

(b)

图 10.70 绘制圆形

【**step5**】 选中直排文字工具,输入"春分",将字体设置为毛笔字体即可,调整字号和字间距,颜色设置为白色,如图 10.71 所示。

【**step6**】 选中直排文字工具,绘制一个文本框,创建段落文字,输入诗句"疏林红叶,芙蓉将谢,天然妆点秋屏列。断霞遮,夕阳斜,山腰闪出闲亭榭。"字体设置为"文悦古典明朝体",字号设置为 28,颜色设置为黑色,适当调整行间距和位置,如图 10.72 所示。

图 10.71 输入文字

图 10.72 文字点缀

图层样式与图层混合模式

【**step7**】 打开印章素材图 10-4.png，复制到画布中，使用移动工具将印章图像移动到合适位置，使用文字工具写上"24 节气"，如图 10.73 所示。

【**step8**】 打开素材图 10-5.png、10-6.png，并将图像复制到画布中，调整大小、位置和方向，桃花的颜色较艳丽，为桃花图层添加自然饱和度调整层，降低自然饱和度，如图 10.74 所示。

图 10.73　添加印章

图 10.74　添加素材

【**step9**】 打开素材图 10-7.png、10-8.png，复制到画布中，调整大小和位置，如图 10.75 所示。

【**step10**】 添加文案，并为"春分"图层添加投影，效果图如图 10.76 所示。

图 10.75　添加素材图像

图 10.76　效果图

10.3.3 减淡模式

减淡的混合模式与加深模式的效果相反,减淡模式可以使上层图像变亮,包括变亮、滤色、颜色减淡、线性减淡、浅色,在此仅讲解"滤色"的特征,其他模式可自行测验。

在"图层"面板中选择"滤色"模式后,上层颜色的白色部分会被保留,黑色部分被丢弃,如图 10.77 所示。

(a) 正常　　　　　　　　　　　　　　(b) 滤色模式

图 10.77　滤色

随学随练 »

使用"滤色"图层混合模式可以使上层图像中的亮色保留,同时使暗色去除。本案例使用该混合模式制作与周围环境融合的闪电效果。

【step1】　打开素材图 10-9.jpg、10-10.jpg,如图 10.78 所示。

【step2】　选中移动工具,将图 10-10.jpg 的闪电素材复制到素材图 10-9.jpg 中,按 Ctrl+T 组合键,将闪电素材等比缩小,使用移动工具将该素材移动到合适位置,如图 10.79 所示。

图 10.78　打开素材　　　　　　　　　　　　　　图 10.79　复制图像

【step3】　选中闪电图层,在"图层"面板中将图层混合模式设置为"滤色",即可得到去白留黑后的图像,如图 10.80 所示。

【step4】　选中橡皮擦工具,在工具属性栏中降低不透明度,在闪电素材的上端涂抹,使闪电呈现若隐若现的效果,如图 10.81 所示。

图层样式与图层混合模式

图 10.80　设置混合模式　　　　　　　　　　　　　　图 10.81　效果图

10.3.4　对比模式

对比的混合模式可以加强图像色彩的差异,包括叠加、柔光、强光、亮光、线性光、点光、实色混合,在此仅讲解"叠加"样式,其他模式读者可自行测验。

在"图层"面板中选择"叠加"模式后,上层图像中的亮色区域更亮,暗部更暗,并保留底色的明暗对比,如图 10.82 所示。

(a) 正常　　　　　　　　　　　　　　　　(b) 叠加

图 10.82　叠加

10.3.5　其他模式

除了以上模式外,还有多种混合模式,例如,差值、排除、减去、色相、饱和度、颜色等,在此不再赘述,读者可以自行测验其效果。

小　　结

本章针对图层样式和图层混合样式设置了三节内容,10.1 节讲解了各种图层样式的效果,10.2 节详细介绍了图层样式的再编辑操作,10.3 节讲解了常用的图层混合模式。通过本章的学习,读者能够熟练掌握图层样式和图层混合模式的用法,其中,需要重点掌握的是运用各种图层样式绘制逼真的拟物图像。

习　　题

1. 填空题

(1) 选中一个图层,执行_____命令,在右侧的列表中选中所需的样式,即可进入"图层样式"面板。

(2) _____样式可以为图层添加阴影和高光,从而使图像产生立体效果。

(3) 若选中图层已添加了_____样式或_____样式,那么为该图层添加图案叠加无效。

(4) 一个图层的图层样式可以复制到另一图层,先选中图层样式所在的图层,单击鼠标右键,在弹出的列表中选中_____选项,然后选中需要粘贴图层样式的图层,单击鼠标右键,在弹出的列表中选中_____选项即可。

(5) 在_____模式下,任何颜色与黑色混合产生黑色,任何颜色与白色混合保持不变,通常用于保留上层图层的暗色区域,去除亮色区域。

2. 选择题

(1) 光标置于需要复制的图层样式上,按住(　　)键的同时按住鼠标左键将样式拖曳到另一图层上,松开鼠标即可将图层样式复制到该图层上。

    A. Alt   B. Shift   C. Ctrl   D. Shift＋Alt

(2) 使用(　　)样式可以为图像添加阴影,从而使图像具有光影效果。

    A. 颜色叠加   B. 投影   C. 图案叠加   D. 描边

(3) 加深的混合模式包括(　　),这些混合模式都可以使图像变暗,当前图层的亮色部分会被下层较暗的像素代替。(多选)

    A. 滤色   B. 正片叠底   C. 颜色加深   D. 线性加深

    E. 变暗

(4) 使用(　　)图层样式可以沿着图像边缘向内创建发光效果。

    A. 内发光   B. 内阴影   C. 外发光   D. 光泽

(5) 使用(　　)样式可以为图像添加外发光效果。

    A. 内发光   B. 内阴影

    C. 外发光   D. 光泽

3. 思考题

(1) 简述为图层添加图层样式的基本步骤。

(2) 简述正片叠底和滤色的效果。

4. 操作题

运用图层样式制作逼真的手镯图像,如图 10.83 所示。

图 10.83　效果图

第 10 章

图层样式与图层混合模式

第 11 章　蒙版的应用

本章学习目标：

- 熟练掌握快速蒙版的使用。
- 掌握图层蒙版的建立与使用。
- 掌握剪贴蒙版的用法。
- 了解矢量蒙版的用法。

视频讲解

在 Photoshop 中，使用蒙版可以完成许多实用性操作，如抠图、隐藏部分图像等。蒙版分为快速蒙版、图层蒙版、剪贴蒙版和矢量蒙版 4 种，每种蒙版的作用和使用方法都不同，本章将详细讲解这 4 种蒙版的使用。

11.1　快速蒙版

快速蒙版不具有隐藏部分图像的功能，但是可以结合画笔等工具创建选区，从而达到抠图或编辑选区内图像的目的。

鼠标左键单击工具栏下方的 ▣ 按钮或按 Q 键，即可进入快速蒙版编辑模式，此时"图层"面板中当前图层颜色变为深红色，在"通道"面板中自动创建"快速蒙版"通道，如图 11.1 所示。

(a) 图层

(b) 通道

图 11.1　图层与通道

进入快速蒙版编辑模式后，可以使用绘画工具（如画笔工具）在图像上绘制，绘制的区域变为半透明状，如图 11.2 所示。绘制完成后，鼠标左键再次单击 ▣ 按钮，半透明区域以外的区域载入选区，按 Ctrl＋J 组合键可以将选区内的图像抠取出来。值得注意的是，在 Photoshop 中，可以使用其他多种方法抠取精确的图像，快速蒙版抠图稍显粗糙。

(a)原图　　　　　　　　(b)绘制区域

图 11.2　编辑快速蒙版

随学随练 »

快速蒙版除了可以用来抠图,还可以搭配选区制作撕纸效果,本案例将详细讲解撕纸效果的制作步骤。

【step1】　新建尺寸为 1000 像素×700 像素、分辨率为 72 像素/英寸的白色画布,然后将前景色设置为红色,参考设置为♯f52657,将背景填充为前景色,新建空白图层,选中套索工具绘制上下两个选区,如图 11.3 所示。

【step2】　单击工具栏中的"快速蒙版"按钮，然后执行"滤镜"→"像素化"→"晶格化"命令,在弹出的对话框中设置单元格大小为 10,再次单击"快速蒙版"按钮，如图 11.4 所示。

【step3】　将前景色设置为淡红色(参考色值为♯fae2e7),填充选区为前景色,按 Ctrl+D 组合键取消选区,如图 11.5 所示。

图 11.3　绘制选区

图 11.4　执行"晶格化"命令

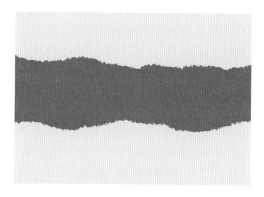

图 11.5　填充选区

【step4】　新建空白图层,沿着撕边边缘绘制选区,如图 11.6(a)所示;单击"快速蒙版"按钮,执行"滤镜"→"像素化"→"晶格化"命令,在弹出的对话框中设置单元格大小为 8,再次单击"快速蒙版"按钮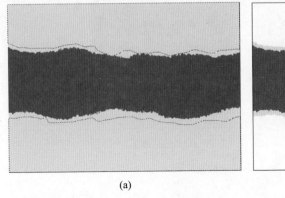，将前景色设置为白色，填充该选区，如图 11.6(b)所示。

(a)

(b)

图 11.6　再次绘制撕边效果

【step5】　新建空白图层，在两条撕边中间再次绘制选区，单击"快速蒙版"按钮，执行
"滤镜"→"像素化"→"晶格化"命令，在弹出的对话框中设置单元格大小为 5，再次单击"快
速蒙版"按钮，将前景色设置为＃fef3f5，填充该选区，如图 11.7 所示。

【step6】　为每个撕边图像添加投影，再为白色撕边添加杂色，效果图如图 11.8 所示。

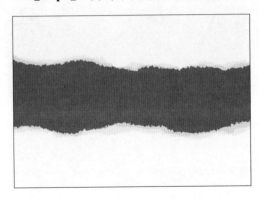

图 11.7　再次绘制撕边

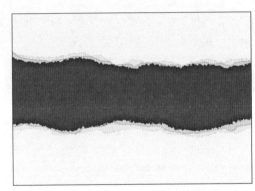

图 11.8　添加效果

11.2　图层蒙版

图层蒙版是一种非破坏性的编辑工具，广泛应用于图像合成中，通过控制图层蒙版中的
黑白灰区域，可以十分灵活地调整图像中显示与隐藏的部分。本节将详细讲解图层蒙版的
使用。

11.2.1　创建图层蒙版

在 Photoshop 中，图层分为多种类型，如像素图层、形状图层、文字图层等，这些图层都
可以创建图层蒙版。在"图层"面板中选中需要添加图层蒙版的图层，单击"图层"面板下方
的按钮，即可为选中的图层创建蒙版，如图 11.9 所示。

在图层蒙版中,白色区域代表显示,黑色区域代表隐藏,灰色区域代表半透明。创建完图层蒙版后,可以使用画笔工具、填充操作、滤镜操作等编辑蒙版的黑白灰范围。图 11.10(a)中,图层蒙版中的颜色都为白色,因而该图层中的图像全部完整地显示(按住 Alt 键的同时单击■按钮,可以创建填充为黑色的图层蒙版),若要隐藏该图像中的"人",可以使用画笔工具,在属性栏中将不透明度设置为 100%,并将前景色设置为黑色,然后在图像上涂抹,即可将"人"隐藏,如图 11.10(b)所示。

图 11.9　创建图层蒙版

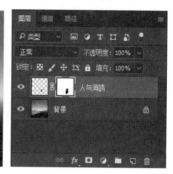

(a) 原图　　　　　　(b) 运用图层蒙版　　　　　　(b) 蒙版设置

图 11.10　图层蒙版的应用

值得注意的是,在使用画笔等工具编辑图层蒙版前,需要确保图层蒙版处于被选中状态(蒙版缩览图被白色框包围)。由于蒙版工具是非破坏性工具,因此可以将隐藏的图像再次显示,只需将前景色设置为白色,然后在选中图层蒙版的前提下,选中画笔工具,并在需要显示的图像上涂抹即可,如图 11.11 所示。

图 11.11　显示被隐藏图像

随学随练»

使用 Photoshop 制作合成图片时,图层蒙版是最常见的操作之一,因此,灵活运用图层蒙版十分重要,本案例使用图层蒙版制作瓶子里的世界。

第11章

蒙版的应用

【step1】 打开素材图 11-1.jpg、11-2.jpg，如图 11.12 所示。

【step2】 选择移动工具，将图 11-2.jpg 拖入到图 11.1.jpg 的文件窗口中，如图 11.13 所示。

11-1.jpg   11-2.jpg

图 11.12　打开素材

图 11.13　拖动文件

【step3】 选中"图层 1"，按 Ctrl+T 组合键调出自由变换定界框，同时按住 Shift+Alt 组合键，将光标置于定界框的一个角上，按住鼠标左键并拖动，将该图层图像缩小到合适大小，如图 11.14 所示。

【step4】 选中"图层 1"，单击"图层"面板下方的 按钮，为该图层建立图层蒙版，如图 11.15 所示。

图 11.14　调整"图层 1"大小

图 11.15　创建图层蒙版

【step5】 在"图层"面板中，将"图层 1"的不透明度设置为 50%，以便观察需要隐藏的图像范围。

【step6】 选中"图层 1"的图层蒙版，将前景色设置为黑色，然后选中画笔工具 ，在工具属性栏中设置画笔笔触为硬边缘画笔，画笔大小设置为 80，不透明度和流量设置为 100%，如图 11.16 所示。

图 11.16　设置画笔属性

【**step7**】　选中"图层 1"的图层蒙版，在图像边缘涂抹，隐藏下方瓶子范围以外的像素，如图 11.17 所示。

图 11.17　隐藏部分像素

【**step8**】　将"图层 1"的不透明度设置为 100％，选中图层蒙版，调整画笔的不透明度，调整画笔的硬度，在瓶子边缘涂抹，直到"图层 1"的图像与瓶子较好地融合为止，如图 11.18 所示。

11.2.2　停用图层蒙版

图层蒙版创建并编辑完成后，若要停用该蒙版，可以先选中该蒙版，然后单击鼠标右键，在弹出的列表中选中"停用图层蒙版"选项即可，如图 11.19 所示。除此以外，还可以使用快捷键停用图层蒙版，先选中图层蒙版，然后按住 Shift 键的同时，单击图层蒙版缩览图即可，再次执行该操作，即可重新启用图层蒙版。

图 11.18　效果图

图 11.19　停用图层蒙版

11.2.3　移动与复制图层蒙版

图层蒙版创建并编辑完成后，可以将该蒙版移动到其他图层上。选中该图层，按住鼠标左键的同时，拖动到某一图层上，松开鼠标即可，如图 11.20 所示。

图 11.20　移动图层蒙版

　　一个图层的图层蒙版还可以复制到另一个图层上。先选中需要复制的图层蒙版，按住 Alt 键的同时，按住鼠标左键并拖曳到另一图层上，松开鼠标即可，如图 11.21 所示。

图 11.21　复制图层蒙版

11.2.4　删除图层蒙版

　　图层蒙版创建后，可以删除该蒙版。先选中需要删除的图层蒙版，然后单击鼠标左键，在弹出的列表中选中"删除图层蒙版"选项即可，如图 11.22 所示。

图 11.22　删除图层蒙版

除了上述的删除方法外,还有另一种快捷的方式。先选中图层蒙版,然后按住鼠标左键拖动到图层面板右下方的"删除"按钮 🗑 上,松开鼠标即可删除。

11.2.5 图层蒙版高级应用

11.2.1 节阐述了图层蒙版的工作原理,即白色代表显示、黑色代表隐藏、灰色代表半透明。在图层蒙版中使用黑色到黑色透明的渐变可以达到过渡效果,例如,制作物品倒影、融合拼接图像等,本节将通过一个案例来详细讲解这种渐变的使用。

随学随练》

【**step1**】 打开图片 11-3.psd,如图 11.23 所示。

图 11.23 打开素材

【**step2**】 选中"化妆品"图层,按 Ctrl＋J 组合键复制该图层,然后按 Ctrl＋T 组合键,单击鼠标右键,在列表中选择"垂直翻转"选项,按住 Shift 键将该复制的图像向下移动,如图 11.24 所示。

图 11.24 复制"化妆品"图层

【**step3**】 选中复制的图层,将该图层名称修改为"倒影",并将该图层移动到"化妆品"图层下方,然后按 Ctrl＋T 组合键,单击属性栏中的 🔳 按钮,将"倒影"图像的底部进行变形,如图 11.25 所示。

【**step4**】 选中"倒影"图层,单击"图层"面板下方的 ◙ 按钮,为该图层创建图层蒙版,如图 11.26 所示。

图 11.25　倒影变形

图 11.26　创建图层蒙版

【step5】　选中渐变工具,在属性栏的渐变管理器中设置渐变为黑色透明到纯黑色的渐变,渐变类型为线性渐变,不透明度为 100%,如图 11.27 所示。

图 11.27　设置渐变参数

【step6】 选中"倒影"图层的图层蒙版,将鼠标置于该图层图像的上方,按住鼠标左键由上至下拖动鼠标,即可将倒影下方的像素隐藏,如图 11.28 所示。

图 11.28　绘制渐变蒙版

【step7】 使用画笔工具,对图层蒙版做细微调整,将"倒影"图层的不透明度调整为80%,效果图如图 11.29 所示。

图 11.29　效果图

11.3　剪贴蒙版

在使用 Photoshop 制作图片时,经常需要将一个图像显示在一定形状或区域内,或者在使用调整层调整图像颜色时,只需要调整某一部分图像的颜色。这些操作都需要用到剪贴蒙版,本节将详细讲解剪贴蒙版的功能与使用。

11.3.1　剪贴蒙版概述

剪贴蒙版可以使上层图像的内容只显示在下层图像的范围内。剪贴蒙版由两部分组成:基底图层和内容图层。上层图层即是内容图层,下层图层即是基底图层。内容图层可以是多个,基底图层必须与内容图层相邻,具体结构如图 11.30 所示。

从图 11.30 可见,内容图层前有 ↓ 图标,基底图层的名称带有下画线。

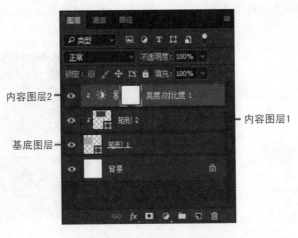

内容图层2

内容图层1

基底图层

图 11.30　剪贴蒙版结构

11.3.2　创建与释放剪贴蒙版

打开至少有三个图层的 PSD 格式的文件,如图 11.31 所示。选中内容图层(图层 1),将鼠标置于图层名称后方的空白处,单击鼠标右键,在弹出的列表中选中"创建剪贴蒙版"选项,即可将"图层 1"的图像显示在下方图层图像的范围内。除此以外,还可以使用快捷键创建剪贴蒙版,选中内容图层后,按 Ctrl+Alt+G 组合键即可。

除了以上两种方法创建剪贴蒙版外,还可以使用另外一种快捷方法。将光标置于内容图层与基底图层交界处,按住 Alt 键的同时(此时光标变为 图标),单击鼠标左键即可创建剪贴蒙版,如图 11.32 所示。

图 11.31　打开文件

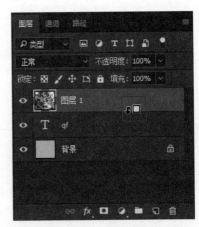

图 11.32　创建剪贴蒙版

创建剪贴蒙版后,上层内容图层的图像只在与下层基底图层重叠的范围显示,内容图层的非重叠部分被隐藏,基底图层的非重叠部分依旧显示,如图 11.33 所示。

剪贴蒙版可以释放,选中内容图层,将光标置于图层名称后的空白处,单击鼠标右键,在弹出的列表中选择"释放剪贴蒙版"选项即可。除此以外,还可以按 Ctrl+Alt+G 组合键释放剪贴蒙版。

(a) 原图   (b) 创建剪贴蒙版后

图 11.33   剪贴蒙版

随学随练 »

    在使用 Photoshop 制作图片时,剪贴蒙版是十分常用的功能,使用该功能可以制作许多精美的效果,本节将使用剪贴蒙版制作头型星空效果。

【step1】 打开素材图 11-4. psd、11-5. jpg(图中人物可以自行寻找素材并抠图),如图 11.34 所示。

图 11.34   打开素材

【step2】 将图 11-5. jpg 拖入到图 11-4. psd 文件中,按 Ctrl＋T 组合键将该图像调整到合适大小,如图 11.35 所示。

图 11.35   图像操作

蒙版的应用

【**step3**】 按 Ctrl＋Alt＋G 组合键将星空图层剪贴到下层的"人物"图层上,选中移动工具,将"图层 1"移动到合适位置,如图 11.36 所示。

图 11.36　创建剪贴蒙版

【**step4**】 选中"图层 1",单击"图层"面板下方的 ▣ 按钮,即可为该图层创建图层蒙版,如图 11.37 所示。

【**step5**】 将前景色设置为黑色,选中画笔工具,在工具属性栏中调整笔触硬度和大小,将不透明度设置为 100％,选中"图层 1"的图层蒙版,然后在图像中涂抹,隐藏该图层中的面部区域的图像,如图 11.38 所示。

图 11.37　创建图层蒙版　　　　　　　图 11.38　隐藏部分图像

【**step6**】 缩小画笔的不透明度,选中图层蒙版,对"图层 1"的边缘做细微调整,如图 11.39 所示。

【**step7**】 调整完成图层蒙版后,可以根据个人创意和喜好添加背景和修饰图案,如图 11.40 所示。

图 11.39　调整图层蒙版

图 11.40　效果图

11.4　矢量蒙版

矢量蒙版与图层蒙版类似,都可以在不破坏原有图像的前提下隐藏部分图像。通过使用矢量工具绘制闭合路径,路径以内的图像会显示,路径以外的图像会被隐藏,本节将详细讲解矢量蒙版的用法。

11.4.1　创建矢量蒙版

顾名思义,矢量蒙版就是通过矢量工具绘制蒙版区域的工具。选中需要创建矢量蒙版的图层(不一定是矢量图层),按住 Ctrl 键的同时单击"图层"面板下方的▣按钮,即可为图层创建矢量蒙版,然后选中钢笔工具或形状工具,在属性栏中设置绘图模式为"路径",在图像中绘制闭合路径,即可使路径内的图像显示,如图 11.41 所示。

除了以上方法可以创建矢量蒙版外,还可以有另一种方式,先使用钢笔或形状工具绘制闭合路径,然后执行"图层"→"矢量蒙版"→"当前路径"命令,即可为选中的图层创建矢量蒙版,路径内的图像显示,路径外的图像隐藏,如图 11.42 所示。

(a) 原图

(b) 矢量蒙版

图 11.41　矢量蒙版

(a) 绘制路径

(b) 创建矢量蒙版

图 11.42　矢量蒙版

创建完成矢量蒙版后,可以选中直接选择工具 编辑路径的锚点,可以使用路径选择工具 整体移动路径的位置,另外,还可以搭配快捷键,进行路径的布尔运算,如图 11.43 所示。

(a) 编辑锚点

(b) 移动路径

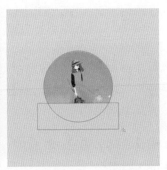
(c) 路径的布尔运算

图 11.43　编辑矢量蒙版

11.4.2　链接矢量蒙版

给某个图层创建完成矢量蒙版后,图层缩览图与蒙版缩览图之间有一个链接标志 ,代表矢量蒙版与图层链接在一起,选择移动工具移动该图层时,矢量蒙版会跟图层一起移动,如图 11.44 所示。

(a) 链接的矢量蒙版   (b) 移动图像

图 11.44 　移动图像

单击图层缩览图与蒙版缩览图之间的链接标志 ⬛，即可取消二者之间的链接，取消链接后，移动或变换图层中的图像时，蒙版不会发生任何变化，如图 11.45 所示。取消链接后，单击链接标志的位置可以再次激活链接。

(a) 取消链接   (b) 移动图像

图 11.45 　移动图像

11.4.3 　栅格化矢量蒙版

矢量蒙版可以转换为图层蒙版，先选中需要栅格化的矢量蒙版，然后单击鼠标右键，在弹出的列表中选中"栅格化矢量蒙版"选项即可，如图 11.46 所示。

(a) 矢量蒙版   (b) 栅格化后

图 11.46 　栅格化矢量蒙版

11.4.4　删除/停用矢量蒙版

矢量蒙版的删除方法与图层蒙版的删除方法一样,在此不再赘述。

停用矢量蒙版的方法与图层蒙版的相同,先选中矢量蒙版,然后单击鼠标右键,在弹出的列表中选中"停用矢量蒙版"即可,如图 11.47 所示。同样地,使用快捷方式也可停用矢量蒙版,先按住 Shift 键,然后将光标置于矢量蒙版的缩览图上,单击鼠标左键即可。

图 11.47　停用矢量蒙版

小　　结

本章针对蒙版的 4 种类型设置了 4 节内容,11.1 节讲解了快速蒙版的使用,11.2 节详细介绍了图层蒙版的相关知识,11.3 节讲解了剪贴蒙版的用法,11.4 节介绍了矢量蒙版。通过本章的学习,读者能够熟练掌握各种蒙版的使用,其中,图层蒙版和剪贴蒙版经常运用于日常绘图操作中,因此需要熟练这两种蒙版的使用。

习　　题

1. 填空题

(1) 在 Photoshop 中,蒙版分为_____、_____、_____、矢量蒙版 4 种。

(2) 快速蒙版的快捷键为_____。

(3) 在图层蒙版中,_____代表显示,_____代表隐藏,_____代表半透明。

(4) 使用快捷键停用图层蒙版时,先选中图层蒙版,然后按住_____键的同时,单击图层蒙版缩览图即可。

(5) 剪贴蒙版由两部分组成_____和_____。

2. 选择题

(1) 按住(　　)键的同时单击 ■ 按钮,可以创建填充为黑色的图层蒙版。

　　A. Alt　　　　　　　　　　　　B. Shift

　　C. Ctrl　　　　　　　　　　　　D. Shift＋Alt 组合

（2）按住（　　）键的同时，单击图层蒙版缩览图，即可停用图层蒙版。

    A. Shift＋Ctrl 组合　　B. Shift　　　　　　C. Ctrl　　　　　　　　D. Alt

（3）创建剪贴蒙版的快捷键为（　　）。

    A. Shift＋Ctrl＋E　　　　　　　　　　B. Ctrl＋Alt＋G

    C. Shift＋Ctrl＋G　　　　　　　　　　D. Ctrl＋Alt＋J

（4）将光标置于内容图层与基底图层交界处，按住（　　）键的同时，单击鼠标左键即可创建剪贴蒙版。

    A. Ctrl　　　　　　B. Ctrl＋Alt 组合　　C. Alt　　　　　　　D. Shift

（5）选中需要复制的图层蒙版，按住（　　）键的同时，按住鼠标左键并拖曳到另一图层上，松开鼠标即可完成复制。

    A. Ctrl　　　　　　B. Shift＋Ctrl 组合　　C. Alt　　　　　　　D. Shift

3．思考题

（1）简述图层蒙版的使用场景。

（2）简述创建矢量蒙版的基本步骤。

4．操作题

运用图层蒙版技术制作灯泡中的海景图像，如图 11.48 所示。

图 11.48　效果图

第 12 章　通道的应用

本章学习目标：
- 熟练掌握通道的基础知识与基本操作。
- 掌握通道调色的方法。
- 熟练使用通道进行抠图。

视频讲解

在 Photoshop 中，通道是一项十分重要的技术，使用通道可以完成许多操作，例如，调色、抠图等，使用通道抠图法可以抠取毛发等细微并复杂的图像。本章将详细讲解通道的相关操作。

12.1　通道的基础

通道是存储图像颜色和选区等信息的灰度图像，针对不同颜色模式的图像，其通道数目不同。通道可以分为三种类型，包括颜色通道、Alpha 通道、专色通道，本节将详细讲解这些通道的基本特征。

12.1.1　"通道"面板

与"图层"类似，在 Photoshop 界面的右侧面板中，有专门的"通道"面板。选中该"通道"面板，可以观察通道的具体信息，如图 12.1 所示。如果该面板被隐藏，可以执行"窗口"→"通道"命令调出该面板。在图 12.1 中，图像的颜色模式为 RGB 模式，当改变图像的颜色模式后，通道的信息会相应改变。

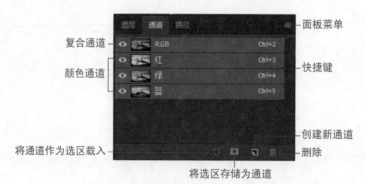

图 12.1　"通道"面板

将通道作为选区载入 <kbd>▦</kbd>：单击该按钮，可以将选中的通道中的图像载入选区。

将选区存储为通道 <kbd>◙</kbd>：单击此按钮，可以将图像中的选区保存到通道中。

创建新通道 ▣：单击此按钮，可以创建 Alpha 通道。

删除 🗑：单击此按钮，可以删除选中的通道（复合通道除外）。

快捷键：通道后提示了该通道的快捷键，按相应的快捷键可以选中对应的通道。

面板菜单 ☰：单击该按钮，可以进行多种操作。

12.1.2　通道分类

根据不同的功能，通道可以分为三种，包括颜色通道、Alpha 通道和专色通道。本节详细讲解这几种通道的特点和功能。

1. 颜色通道

不同颜色模式的图像，其颜色通道的数量不同。例如，RGB 颜色模式的图像，其通道包括一个复合的 RGB 通道与红通道、绿通道、蓝通道；CMYK 颜色模式的图像，其通道包括一个复合的 CMYK 通道与青色通道、洋红通道、黄色通道和黑色通道，如图 12.2 所示。

(a) RGB模式　　　　　　　　　(b) CMYK模式　　　　　　　　　(c) Lab模式

图 12.2　颜色通道

选中某一个颜色通道，执行"图像"→"调整"命令，在列表中选择一种调色方式，可以调整该通道的颜色，该调色操作会改变图像的整体颜色。

2. Alpha 通道

Alpha 通道是一个 8 位的灰度通道，该通道用 256 级灰度来记录图像中的透明度信息，定义透明、不透明和半透明区域，其中，白色代表选中，黑色代表未选中，灰色表示部分被选中。该通道通常用来创建选区，完成复杂的抠图操作，该内容将在后面详细讲解。

默认情况下，通道中不会自动创建 Alpha 通道，需要手动创建。首先选中"通道"面板，然后单击面板下方的 ▣ 按钮，即可创建 Alpha 通道，如图 12.3 所示。

从图 12.3 中可以看出，创建的 Alpha 通道填充为黑色，表明图像都未被选中，可以使用画笔等工具编辑 Alpha 通道，如图 12.4 所示。

3. 专色通道

专色印刷（专色油墨）是指一种预先混合好的特定彩色油墨，补充印刷色（CMYK）油墨，如明亮的橙色、绿色、荧光色、金属银色、烫金版、凹凸版、局部光油版等。专色通道是保存专色信息的通道，每个专色只能保存一种专色。除了位图模式外，其他颜色模式的图像都可以创建专色通道。在 Photoshop 中可以将图像保存为 DCS 2.0 格式，该格式可以保存专色通道。

图 12.3　创建 Alpha 通道

图 12.4　编辑 Alpha 通道

　　与 Alpha 通道一样，专色通道需要手动创建。选中"通道"面板，在图像中创建需要将图像颜色替换为专色的选区，然后单击面板菜单 ▤，在列表中选择"新建专色通道"选项，在弹出的对话框中可以设置专业的颜色和密度，如图 12.5 所示。

图 12.5　新建专色

　　单击"颜色"后的色块，可以调出拾色器，在拾色器中可以设置专色的颜色，也可以单击"拾色器"面板中的"颜色库"，然后在颜色库中选择专色的颜色，如图 12.6 所示。若需要修改专色的颜色，可以鼠标左键双击"通道"面板中的专色通道缩览图，从而调出设置面板。

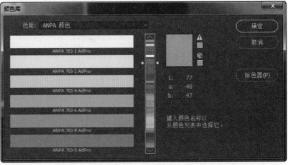

图 12.6　设置专色颜色

12.2　通道的基础操作

　　12.1 节介绍了通道的分类，以及 Alpha 通道和专色通道的创建方法。通道创建完成后，可以对现有的通道进行编辑，例如，隐藏、删除、合并等，本节将详细讲解通道的基本操作。

12.2.1　显示/隐藏通道

在 Photoshop 中,可以通过图层缩览图前的 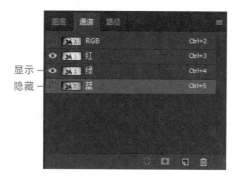 按钮来控制图层的显示与隐藏,同样地,通道也可以通过该方法控制其显示或隐藏的状态,如图 12.7 所示。从图 12.7 可以看出,当颜色通道中的某个通道隐藏后,复合通道也会呈隐藏状态。

图 12.7　显示/隐藏

12.2.2　复制通道

选中需要复制的通道,单击面板菜单 ▤ ,在列表中选中"复制通道"选项,即可复制选中的通道。另外,也可按住鼠标左键并将选中的通道拖动到"新建"按钮 ▢ 上,松开鼠标即可复制该通道,如图 12.8 所示。

图 12.8　复制通道

12.2.3　删除通道

对于多余或无用的通道,可以进行删除。选中需要删除的通道,按住鼠标左键并拖动到"删除"按钮上,即可将此通道删除,如图 12.9 所示。值得注意的是,当删除的是颜色通道时,复合通道也会被删除。

12.2.4　重命名通道

与图层一样,通道(复合通道与颜色通道除外)也可以进行重命名操作。鼠标左键双击通道的名称,即可修改名称,如图 12.10 所示。

图 12.9 删除通道

图 12.10 重命名通道

12.2.5 设置通道的混合

在 Photoshop 中,可以通过图层的混合选项调整通道的混合。打开一个分层的 PSD 文件,选择某一个图层,双击该图层名称后的空白处,可以调出"图层样式"面板,单击该面板中的"混合选项",可以在右侧的参数设置中设置相关选项,如图 12.11 所示。

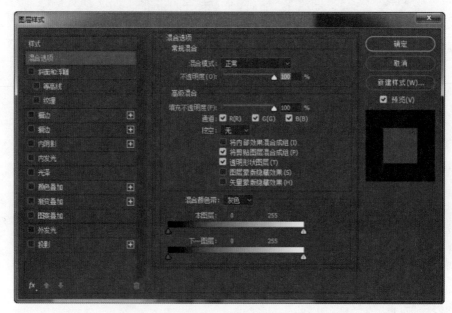

图 12.11 混合选项

在混合选项中,常规混合中的"混合模式"和不透明度与"图层"面板中的作用相同。

高级混合中的"填充不透明度"与"图层"面板中的"填充"相同。

在"通道"复选框一栏中,可以取消勾选其中的通道,当取消勾选其中的某一通道时,在"通道"面板中,该通道的图像不会在整体图像中显示,如图 12.12 所示。

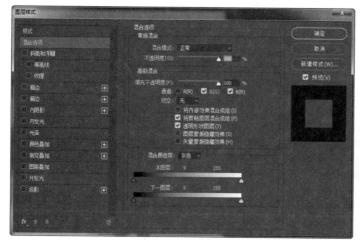

图 12.12　取消勾选红通道

在"混合颜色带"中,可以调整上层图层与下层图层的混合,是一种特殊的蒙版,适合处理明暗反差大的图像,例如,云彩、烟雾等,如图 12.13 所示。

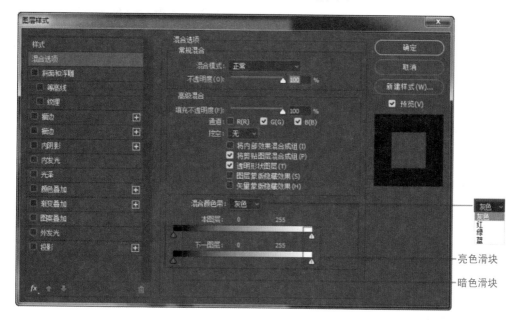

图 12.13　混合颜色带

混合颜色带提供了可选的通道,单击其后方的下拉按钮,即可在列表中选择某一通道。"本图层"下包括暗色和亮色滑块,向右移动暗色滑块可以减少本图层的暗色图像,向左移动亮色滑块可以减少本图层的亮色图像。"下一图层"下也包括暗色和亮色滑块,向右移动暗

通道的应用

色滑块可以增加下一图层的暗色图像,向左移动亮色滑块可以增加下一图层的亮色图像。

按住 Alt 键的同时拖动滑块,可以分离滑块。

随学随练 »

通过调整混合颜色带的参数,可以十分轻松地完成复杂的图层混合操作。本案例通过运用混合颜色带制作蒙版效果的图像。

【step1】 打开素材图 12-1.jpg、图 12-2.jpg,如图 12.14 所示。

(a) 图12-1.jpg　　　　　　　　　　(b) 图12-2.jpg

图 12.14　打开素材

【step2】 将图 12-2.jpg 的文件拖入到图 12-1.jpg 的文件中,使用自由变换调整图 12-2.jpg 的大小,如图 12.15 所示。

图 12.15　移动图像

【step3】 鼠标左键双击"图层 1"名称后的空白处,进入"图层样式"面板,默认选中"混合选项",可以在右侧的设置面板中设置相关参数,如图 12.16 所示。

【step4】 在"混合颜色带"中,将"本图层"的暗色滑块向右拖动,使本图层的暗色区域隐藏,如图 12.17 所示。

【step5】 按住 Alt 键的同时,拖动"本图层"下暗色滑块的右半部分,如图 12.18 所示。

【step6】 经过上述操作后,云彩部分达到了较好的混合,下部分存在少量多余像素,选中"图层 1",单击"图层"面板下方的 ▣ 按钮,为该图层创建图层蒙版,使用黑色画笔涂抹多余的图像,得到最终效果图,如图 12.19 所示。

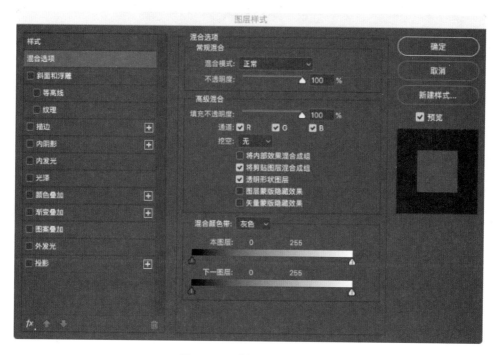

图 12.16 选择"混合选项"

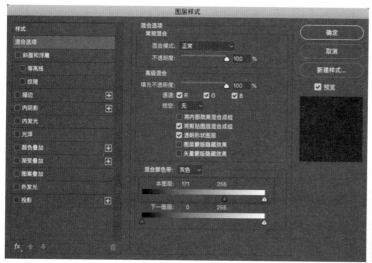

图 12.17 滑动暗色滑块

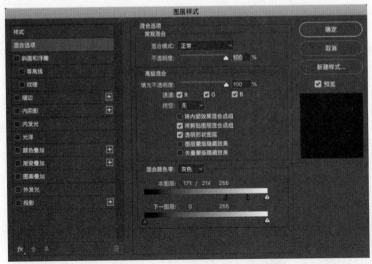

图 12.18　单独拖动一侧滑块

图 12.19　效果图

12.3　通道抠图

在 Photoshop 中,可以使用多种方法达到抠图的效果,例如,选框工具、钢笔工具等,针对需要抠取图片的特征,可以选择最合适的工具。在现实工作中,有时需要抠取带有毛发的人物头像或动物,使用钢笔工具或工具栏中的其他选区工具无法快速高效地实现抠图,使用通道可以精准高效地完成此类图像的抠图,如图 12.20 所示。

图 12.20　毛发

在使用通道抠图的过程中，需要结合调色命令（如曲线、色阶）、加深减淡工具、画笔工具等对通道进行调整和修改，从而抠取最精确的图像。本节将通过一个案例具体演示通道抠图的操作步骤。

随学随练》

使用通道可以完成其他抠图工具难以完成的毛发抠取，本案例使用通道抠取"奔跑的马儿"图像。

【step1】 打开素材图 12-3.jpg，如图 12.21 所示。

图 12.21 打开素材

【step2】 选中磁性套索工具，沿着马的身体边缘创建闭合选区，并将选区内的图像抠取出来，如图 12.22 所示。

图 12.22 抠取马轮廓

【step3】 选中背景图层，然后选中"通道"面板，在通道中选中明暗对比强烈的通道，本例中选中红通道，将该通道拖动到"新建"图标 🗋 上，得到复制的红通道，如图 12.23 所示。

【step4】 选中该复制通道，按 Ctrl＋L 组合键调出"色阶"面板，滑动黑场和白场滑块，使图像中的毛发与其他图像呈较明显的黑白对比，如图 12.24 所示。

【step5】 使用画笔工具，将不需要抠取的图像涂抹为白色，如图 12.25 所示。

图 12.23 复制通道

通道的应用

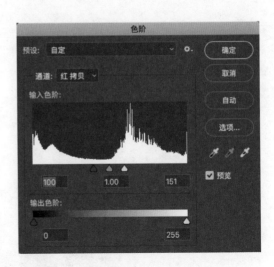

图 12.24　调整色阶

【step6】　图 12.25 中的尾部存在一些灰色图像,在工具栏中选中减淡工具 ,调整笔触大小,然后在尾部的灰色区域涂抹,使灰色区域变成白色,如图 12.26 所示。

图 12.25　调整颜色

图 12.26　去除灰色区域

【step7】　按 Ctrl＋I 组合键,执行反相操作,白色区域变为黑色,黑色区域变为白色,如图 12.27 所示。

【step8】　按住 Ctrl 键的同时,单击该复制通道的缩览图,将白色区域的图像载入选区,再单击 RGB 通道,回到"图层"面板,按 Ctrl＋J 组合键即可将选区内的图像抠取出来,如图 12.28 所示。

图 12.27　反相

图 12.28　抠取图像

【step9】 同时选中"图层1"和"图层2",按Ctrl+E组合键将这两个图层合并,新建一个像素图层,并将该图层填充为纯色置于合并图层的下方,可以观察到毛发的抠取效果,如图12.29所示。

图 12.29　效果图

12.4　通道调色

12.3节讲解了通道抠图的具体步骤,除此以外,通道还可以用来调整图像的颜色,本节将详细讲解通道调色的操作方法。

在第7章中介绍了Photoshop中常用的调色命令,如色阶、曲线,在这两种调色命令面板中,可以选择具体的某一颜色通道,针对选择的通道进行色彩的调整,如图12.30所示。

(a) 原图

(b) 调整后

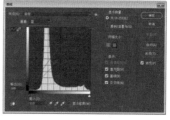
(c) "色阶"面板

图 12.30　色阶调整

同样地,可以先在"通道"面板中选中一个颜色通道,然后执行"调色"命令也可调整该通道的颜色,如图12.31所示。

(a) 调整后

(b) 选中通道

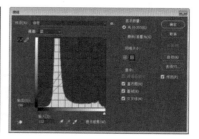
(c) "色阶"面板

图 12.31　通道调色

通道的应用

在 Photoshop 中，可以使用通道调整颜色，本案例将使用图层的"通道"面板调整图像的颜色。

【**step1**】 打开素材图 12-4.jpg，如图 12.32 所示。

图 12.32　打开素材

【**step2**】 观察发现，图 12-4.jpg 中蓝色色调过重，需要减少图像中的蓝色，增加图像中的红色和绿色。首先，选中"通道"面板中的蓝通道，按 Ctrl＋M 组合键，在"曲线"面板中减少蓝色，如图 12.33 所示。

【**step3**】 在"通道"面板中选中红通道，使用"曲线"命令增加红色色调，如图 12.34 所示。

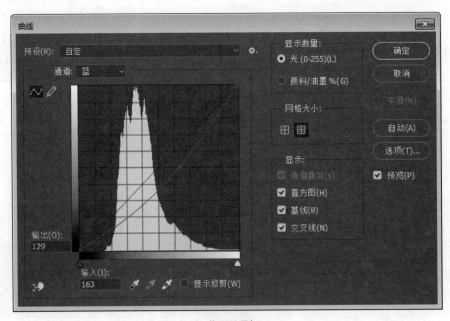

(a) 蓝通道调色

图 12.33　调整蓝通道

(b) 调整后

图 12.33 （续）

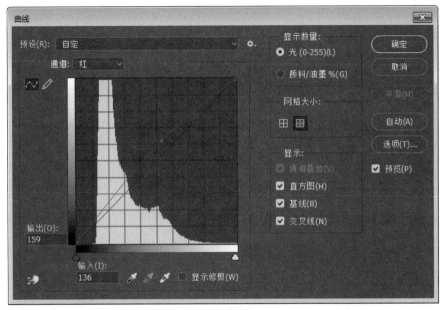

(a) 红通道调色

(b) 调整后

图 12.34 调整红通道

通道的应用

【**step4**】 在"通道"面板中选中绿通道,使用"曲线"命令增加绿色色调,如图 12.35 所示。

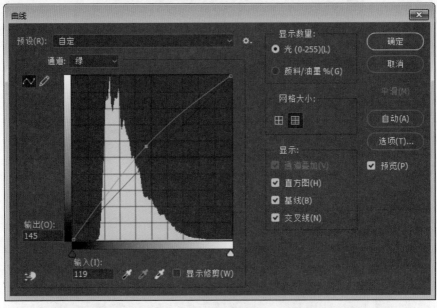

(a) 绿通道调色

(b) 调整后

图 12.35 调整绿通道

小 结

本章针对通道内容设置了 4 节,12.1 节讲解了通道的基础,12.2 节详细介绍了通道的基础操作,12.3 节讲解了通道抠图的操作步骤,12.4 节介绍了通道调色的相关知识。通过本章的学习,读者能够熟练掌握通道的用法,其中,使用通道可以高效地完成毛发等复杂图像的抠图,因而需要熟练掌握该抠图方法。

习　题

1. 填空题

(1) 通道的类型包括_____、_____、专色蒙版三种。

(2) 在"通道"面板中,单击 按钮,可以创建_____。

(3) _____是保存专色信息的通道,每个专色只能保存一种专色。

(4) 按住鼠标左键并将选中的通道拖动到"新建"按钮 上,松开鼠标即可_____通道。

(5) 在_____中,可以调整上层图层与下层图层的混合。

2. 选择题

(1) 在调整混合颜色带时,按住(　　)键的同时拖动滑块的一侧,可以分离滑块。

    A. Alt   B. Shift

    C. Ctrl   D. Shift＋Alt 组合

(2) 按住(　　)键的同时,单击某一通道的缩览图,可以将通道中的图像载入选区。

    A. Shift＋Ctrl 组合   B. Shift   C. Ctrl   D. Alt

(3) 在 Alpha 通道中,黑色代表(　　)。

    A. 隐藏   B. 显示   C. 半透明   D. 全选

(4) 在使用通道抠图的过程中,需要结合(　　)等对通道进行调整和修改,从而抠取最精确的图像。(多选)

    A. 调色命令   B. 加深/减淡工具   C. 画笔工具   D. 拾色器工具

(5) 复合颜色通道的快捷键是(　　)。

    A. Ctrl＋3   B. Ctrl＋2   C. Ctrl＋4   D. Ctrl＋5

3. 思考题

(1) 简述通道抠图的步骤。

(2) 简述通道调色的基本步骤。

4. 操作题

使用通道抠取图 12-1.jpg 中的狗狗,如图 12.36 所示。

图 12.36　12-1.jpg

通道的应用

第 13 章   滤   镜

视频讲解

本章学习目标:
- 学习滤镜的基础知识。
- 掌握常见滤镜的使用。

在 Photoshop 中,滤镜主要是用来实现图像的各种特殊效果。常见的滤镜包括液化、模糊、渲染等,通过滤镜可以对图像进行特殊效果的处理,本章将详细讲解各种滤镜的效果和使用方法。

13.1   滤镜的基础

滤镜在 Photoshop 中具有十分神奇的作用,许多绚丽、富有设计感的图像都是经过滤镜处理而形成的。滤镜的使用十分简单,由于滤镜的种类繁多,读者需要动手实践每种滤镜的效果。本节介绍滤镜的基础知识,为后面的学习打下基础。

13.1.1   滤镜分类

Photoshop 中的滤镜位于菜单栏中的"滤镜"菜单中,其中包含三个类型的滤镜:内阙滤镜、内置滤镜(也就是 Photoshop 自带的滤镜)、外挂滤镜(也就是第三方滤镜),如图 13.1 所示。

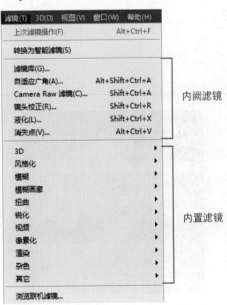

图 13.1   "滤镜"菜单

内阙滤镜是内阙于 Photoshop 程序内部的滤镜。内置滤镜指 Photoshop 默认安装时，Photoshop 安装程序自动安装到 pluging 目录下的滤镜。外挂滤镜就是除上面两种滤镜以外，由第三方厂商为 Photoshop 所生产的滤镜，它们不仅种类齐全，品种繁多，而且功能强大。本书主要介绍内阙滤镜与内置滤镜的使用。

13.1.2　滤镜使用

选中需要添加滤镜效果的图层，单击菜单栏中的"滤镜"菜单，在下拉列表中选中需要的滤镜，例如，"模糊"滤镜，在"模糊"滤镜的二级菜单中选择具体的模糊样式，然后在弹出对话框中设置参数即可，如图 13.2 所示。

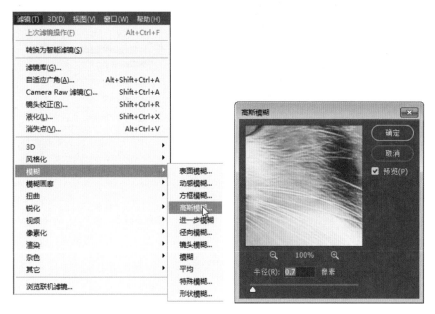

图 13.2　使用滤镜

13.1.3　智能滤镜

在前面的章节中介绍了智能图层的特性和创建方法，智能对象可以使图层进行非破坏性编辑，同样地，智能滤镜也属于非破坏性滤镜，可以方便地调整各滤镜的参数。

智能滤镜只适用于智能图层，在添加智能滤镜前，需要先将所选图层转换为智能对象，然后执行"滤镜"→"转换为智能滤镜"命令。如果图层不是智能对象，执行"滤镜"→"转换为智能滤镜"命令后，会弹出警示框，如图 13.3 所示。在警示框中单击"确定"按钮即可将图层转换为智能图层。

图 13.3　警示框

转换为智能滤镜后，为该图层添加的滤镜都会成为智能滤镜，如图13.4所示，智能滤镜组成一个类似图层样式的列表。在"图层"面板中用鼠标左键双击某个滤镜的名称，可以进入该滤镜的参数设置面板调整相关参数。

与图层样式一样，智能滤镜也可以进行隐藏、删除、停用操作，鼠标右键单击滤镜名称后的 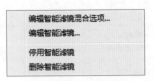 按钮，可以在弹出的列表中选择具体的操作，如图13.5所示。

图13.4　智能滤镜

图13.5　滤镜操作

13.2　内阙滤镜

在Photoshop中有丰富的滤镜样式，每种滤镜都会使图像产生特殊的效果。每种滤镜的操作都十分简单，但是运用得当是比较有难度的，因此，通过本节的学习，读者在掌握滤镜的基本操作的基础上，需要反复练习各种滤镜的使用场景。

13.2.1　滤镜库

选中需要添加滤镜的图层，执行"滤镜"→"滤镜库"命令，然后选择需要的滤镜样式，设置相关参数即可，如图13.6所示。

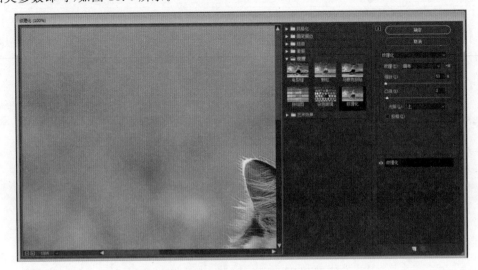

图13.6　滤镜库

滤镜库集合了多种滤镜效果,在滤镜库中可以为选中图层添加多种滤镜效果,也可以多次应用同一滤镜。值得注意的是,当需要在滤镜库中应用多种滤镜或需多次使用同一滤镜时,首先必须单击面板中右下方的■按钮,新建效果图层,然后再选择具体的滤镜样式。滤镜库中创建的滤镜还可以删除,先选中需要删除的图层,单击面板右下方的"删除"按钮■即可。单击滤镜前的◉按钮,即可隐藏该滤镜效果。

13.2.2 液化

液化滤镜可用于推、拉、旋转、反射、折叠和膨胀图像的任意区域,经常用来修饰人物,使用液化滤镜可以使人物图像变得纤瘦,也可以用来制作绚丽的海报。

打开一张图像,执行"滤镜"→"液化"命令,可以选择具体的液化工具,例如,向前变形工具、重建工具、顺时针旋转扭曲工具、褶皱工具、膨胀工具、左推工具等,如图13.7所示。

图 13.7　液化

值得注意的是,当使用液化工具时,切忌不要使用过度,否则会造成图像严重变形。选中液化工具中的某项工具后,可以在右侧设置相关参数,调整完成后,单击右侧的"确定"按钮即可。

13.2.3 镜头矫正

镜头矫正滤镜用来矫正图像角度,可以对扭曲、歪斜的图像进行矫正。打开一张图像,执行"滤镜"→"镜头矫正"命令,如图13.8所示。

在面板的左上侧选择拉直工具,在图像中沿着苹果的水平方向绘制直线,松开鼠标后即可矫正倾斜的图像,如图13.9所示。

13.2.4 Camera Raw 滤镜

Camera Raw滤镜实际上是各种调色命令的集合,在该窗口中可以灵活运用各种调色工具,例如,曲线、HSL调整、分离色调等,通过调整这些参数,可以使图片呈现出较好的色彩。

图 13.8 镜头矫正

(a) 原图   (b) 矫正后

图 13.9 镜头矫正

打开一张图像,执行"滤镜"→"Camera Raw 滤镜"命令,分析图片的色彩缺陷,然后在窗口右侧选择需要的工具,并调整相应的参数,即可调整图像的色彩,如图 13.10 所示。

图 13.10 Camera Raw 滤镜

13.3 内置滤镜

在 Photoshop 中，内置滤镜包括 3D、风格化、模糊、锐化、扭曲、渲染、杂色、其他等多种滤镜组合，每种内置滤镜都包含几种具体的滤镜样式，利用这些滤镜可以完成许多绚丽的效果。本节将详细讲解内置滤镜中常用的滤镜类型。

13.3.1 风格化

在风格化滤镜组中有 9 种滤镜，包括查找边缘、等高线、风、浮雕效果、扩散、拼贴、曝光过度、凸出与照亮边缘，下面介绍几种常用的滤镜。

1. 查找边缘

查找边缘滤镜可以使图像的高反差区变亮，将低反差区变暗，从而形成清晰的轮廓。打开一张图像，执行"滤镜"→"风格化"→"查找边缘"命令，即可为图像添加查找边缘滤镜，如图 13.11 所示。

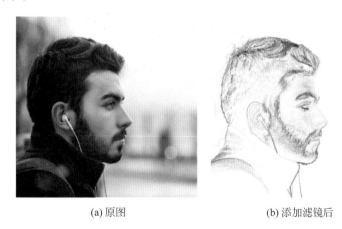

(a) 原图   (b) 添加滤镜后

图 13.11   查找边缘滤镜

2. 等高线

等高线滤镜用于查找图像中的亮度区域，并为每个颜色通道勾勒主要亮度区域。打开一张图像，执行"滤镜"→"风格化"→"等高线"命令，在弹出的面板中设置"色阶"和"边缘"的参数，单击"确定"按钮后即可为该图像添加等高线滤镜，如图 13.12 所示。

3. 风

风滤镜可以模拟风吹的效果，是一种十分实用的滤镜。打开一张图像，执行"滤镜"→"风格化"→"风"命令，在弹出的对话框中可以设置"方法"和"方向"，如图 13.13 所示。

4. 浮雕效果

浮雕效果滤镜可以通过勾勒图像的轮廓和降低周围颜色值来生成凹陷或凸起的浮雕效果。打开一张图像，执行"滤镜"→"风格化"→"浮雕效果"命令，在弹出的对话框中可以设置角度、高度、数量，设置完成后单击"确定"按钮即可，如图 13.14 所示。

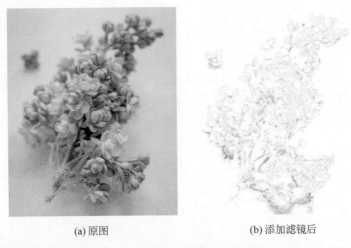

(a) 原图　　　　　　　　　　　　　(b) 添加滤镜后

图 13.12　等高线滤镜

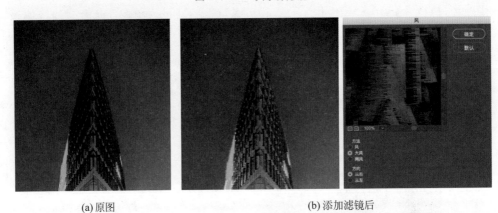

(a) 原图　　　　　　　　　　　　　(b) 添加滤镜后

图 13.13　风滤镜

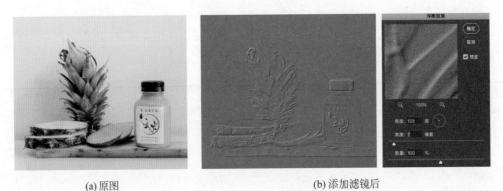

(a) 原图　　　　　　　　　　　　　(b) 添加滤镜后

图 13.14　浮雕效果滤镜

5. 拼贴

拼贴滤镜可以将图像分为一系列块状图形,使图像产生拼合的效果。打开一张图像,执行"滤镜"→"风格化"→"拼贴"命令,在弹出的对话框中设置"拼贴数""最大位移"和"填充空白区域",设置完成后单击"确定"按钮即可,如图 13.15 所示。

(a) 原图　　　　　　　　　　　　(b) 添加滤镜后

图 13.15　拼贴滤镜

6. 凸出

凸出滤镜可使图像分解成一系列重叠放置的立方体或锥体,从而产生 3D 的图像效果。打开一张图像,执行"滤镜"→"风格化"→"凸出"命令,在弹出的对话框中设置相关参数,设置完成后单击"确定"即可,如图 13.16 所示。

(a) 原图　　　　　　　　　　　　(b) 添加滤镜后

图 13.16　凸出滤镜

随学随练 »

在滤镜中,风格化是较为常用的滤镜,上面的内容详细介绍了风格化滤镜组中的各种滤镜的操作和效果,本案例运用其中的风滤镜制作绚丽的发散效果。

【step1】　新建尺寸为 1000 像素×1000 像素、分辨率为 72 像素/英寸的画布,背景色设置为白色。

【step2】　按 Shift+Ctrl+Alt+N 组合键新建空白图层,将前景色设置为♯8a0f08,按 Alt+Delete 组合键将新建的空白图层填充前景色,如图 13.17 所示。

图 13.17　绘制底部图层

【**step3**】 选中"图层1",双击图层名称后的空白处,在弹出的"图层样式"面板中为该图层添加内阴影样式,大小设置为250,不透明度设置为70%,如图13.18所示。

图 13.18　添加内阴影

【**step4**】 按 Shift＋Ctrl＋Alt＋N 组合键新建空白图层,使用矩形选框工具绘制大小为100像素×600像素的矩形选框,然后将前景色设置为白色,按 Alt＋Delete 组合键将矩形选框填充为白色,如图13.19所示。

【**step5**】 选中白色矩形图层,执行"滤镜"→"风格化"→"风"命令,在弹出的对话框中设置"方法"为"风","方向"设置为"从右",选中矩形选框工具,框选图像左侧的刺状图像,按 Ctrl＋T 组合键调出自由变换框,向左拖动左侧边框,使该刺状图像拉长,如图13.20所示。

【**step6**】 选中矩形选框工具,框选白色矩形右侧的图像,按 Delete 键删除,按 Ctrl＋T 组合键,将该图像逆时针旋转90°,如图13.21所示。

图 13.19　绘制矩形形状　　　　图 13.20　拉大左侧图像　　　　图 13.21　图像处理

【**step7**】 选中白色图像图层,使用移动工具将图像移动到画布左侧,平行复制该白色图像至画布右侧,将"图层2"和"图层2拷贝"同时选中进行合并,如图13.22所示。

【**step8**】 选中合并后的图层,执行"滤镜"→"模糊"→"动感模糊"命令,设置角度为90°,距离设置为10,重复执行两次,如图13.23所示。

【**step9**】 执行"滤镜"→"扭曲"→"极坐标"命令,在弹出的对话框中选择"从平面坐标到极坐标"选项,单击"确定"按钮后,得到光芒四射的圆形,如图13.24所示。

图 13.22　复制图像　　　　　　　　　　　　　　　　　图 13.23　动感模糊

图 13.24　添加极坐标滤镜

【step10】　复制"图层 2 拷贝",执行"滤镜"→"模糊"→"径向模糊"命令,设置"数量"为 12,"模糊方法"为缩放,"品质"为好,如图 13.25 所示。

【step11】　选中椭圆形状工具,绘制正圆形,调整圆形大小,羽化形状的边缘,如图 13.26 所示。

图 13.25　径向模糊　　　　　　　　　　　图 13.26　绘制矩形

【**step12**】 选中椭圆，为该图层添加红色外发光样式，如图 13.27 所示。

【**step13**】 新建空白图层，使用椭圆形状工具绘制正圆路径，如图 13.28 所示。

图 13.27　添加外发光

图 13.28　绘制正圆路径

【**step14**】 选中画笔工具，单击工具属性栏中的 ⬛ 按钮，在"画笔设置"面板中设置相关参数，如图 13.29 所示。

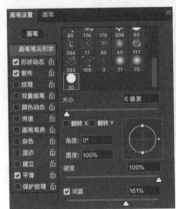

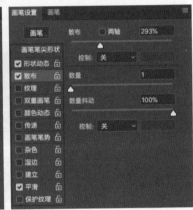

图 13.29　设置画笔参数

【**step15**】 在"图层"面板中选中新建的空白图层，在"路径"面板中选中圆形路径，选中画笔工具，单击该面板中的 ⬤ 按钮，如图 13.30 所示。

【**step16**】 复制外边的颗粒图层，使用自由变换调整大小和方向，多次重复该操作，调整各个颗粒图层的不透明度，使颗粒从外向内不透明度逐渐减小，如图 13.31 所示。

图 13.30　制作画笔描边

图 13.31　复制颗粒图像

【step17】选中所有颗粒图层，为图层组添加红色内发光和红色外发光样式，如图13.32所示。

【step18】添加产品与文案，如图13.33所示。

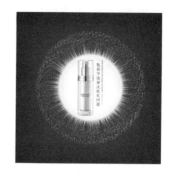

图13.32　添加图层样式　　　　　　　　图13.33　效果图

13.3.2　模糊

在模糊滤镜组中有11种滤镜，包括表面模糊、动感模糊、方框模糊、高斯模糊、径向模糊、镜头模糊、模糊、平均、特殊模糊与形状模糊，下面介绍几种常用的模糊滤镜。

1. 表面模糊

表面模糊可以在保留图像轮廓的基础上，使图像产生模糊效果。打开一张图像，执行"滤镜"→"模糊"→"表面模糊"命令，在弹出的对话框中设置半径和阈值，单击"确定"按钮后，即可为该图像添加表面模糊滤镜，如图13.34所示。

(a)原图　　　　　　　　　　　(b)添加滤镜后

图13.34　表面模糊滤镜

2. 动感模糊

动感模糊滤镜可以使图像在某个方向上产生具有动感的效果。打开一张图像，选中飞机所在图层，执行"滤镜"→"模糊"→"动感模糊"命令，在弹出的对话框中可以设置角度和距离，距离越大，动感模糊越明显，单击"确定"按钮后，即可为该图像添加动感模糊滤镜，如图13.35所示。

3. 高斯模糊

高斯模糊滤镜可以使图像变得模糊且平滑，通常用来降低图像噪声和细节层次，还可以用来磨皮。打开一张图像，选中背景图层，执行"滤镜"→"模糊"→"高斯模糊"命令，在弹出

(a) 原图   (b) 添加滤镜后

图 13.35　动感模糊滤镜

的对话框中可以设置半径,单击"确定"按钮后,即可为该图像添加高斯模糊滤镜,如图 13.36 所示。

(a) 原图   (b) 添加滤镜后

图 13.36　高斯模糊滤镜

4. 径向模糊

径向模糊滤镜会使图像产生旋转或缩放的模糊效果。在"径向模糊"面板中,可以设置相关参数,包括数量、模糊方法、品质和角度,如图 13.37 所示。

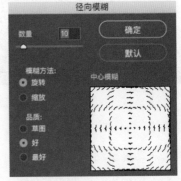

图 13.37　"径向模糊"面板

数量:用于设置模糊的强度,数值越高,模糊效果越明显。

模糊方法:选中"旋转"方法时,可以使图像产生旋转的模糊效果;选中"缩放"方法时,可以使图像产生反射的模糊效果。

品质:用来设置模糊效果的质量,通常情况下,使用默认的"好"即可。

中心模糊:用来控制模糊中心的位置,可以用鼠标拖动以改变模糊中心的位置。

打开一张图像,选中需要添加模糊效果的图层,执行"滤镜"→"模糊"→"径向模糊"命令,在弹出的对话框中设置相关参数,单击"确定"按钮后,即可为该图层添加径向模糊滤镜,如图 13.38 所示。

(a) 原图

(b) 径向模糊

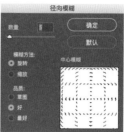

图 13.38　径向模糊滤镜

随学随练 »

在模糊滤镜组中,常用的滤镜为高斯模糊、径向模糊、动感模糊等,本案例使用径向模糊制作高速旋转的车轮。

【step1】　打开素材图像 13-1.jpg,如图 13.39 所示。

【step2】　选中椭圆选框工具,在车轮处绘制圆形选框,如图 13.40 所示。

图 13.39　打开素材

图 13.40　绘制选框

【step3】　将光标置于圆形选框内,单击鼠标右键,在列表中选中“羽化”选项,羽化半径设置为 10 像素,然后执行“滤镜”→“模糊”→“径向模糊”命令,数量设置为 70,模糊方法设置为“旋转”,品质设置为“好”,单击“确定”按钮后,即可为车轮添加径向模糊,如图 13.41所示。

【step4】　重复 step2 与 step3,为后轮添加径向模糊,如图 13.42 所示。

图 13.41　添加径向模糊

图 13.42　添加径向模糊

滤镜

13.3.3 扭曲

在扭曲滤镜组中有 9 种扭曲滤镜,包括波浪、波纹、极坐标、挤压、切变、球面化、水波、旋转扭曲与置换,下面介绍几种常用的扭曲滤镜。

1. 波浪

波浪滤镜可以使图像产生波浪起伏的效果,在波浪滤镜面板中可以设置各种参数,如图 13.43 所示。

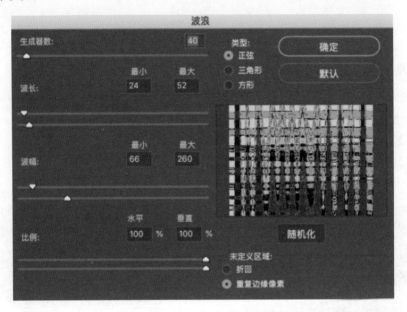

图 13.43 "波浪"面板

打开一张图像,执行"滤镜"→"扭曲"→"波浪"命令,在弹出的对话框中设置相关参数,单击"确定"按钮后,即可为该图像添加波浪滤镜,如图 13.44 所示。

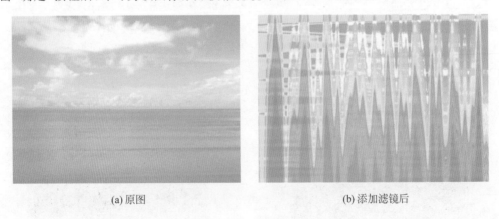

(a)原图 (b)添加滤镜后

图 13.44 波浪滤镜

2. 极坐标

极坐标滤镜可以将图像从平面坐标转换为极坐标,或从极坐标转换为平面坐标。打开一张平面坐标的图像,执行"滤镜"→"扭曲"→"极坐标"命令,在弹出的对话框中选中"从平面坐标到极坐标"选项,单击"确定"按钮后,即可为该图像添加极坐标滤镜,如图 13.45 所示。

 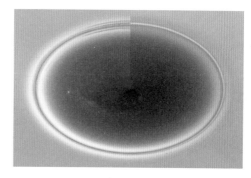

(a) 原图　　　　　　　　　　　　　　　　(b) 添加滤镜后

图 13.45　极坐标滤镜

3. 球面化

球面化滤镜可以使选区内的图像或整个图像转换为球形。打开一张图像,然后使用椭圆选框工具在图像中绘制圆形选框,执行"滤镜"→"扭曲"→"球面化"命令,在弹出的对话框中设置数量和模式,单击"确定"按钮后,即可为选区内的图像添加球面化滤镜,如图 13.46 所示。

(a) 原图　　　　　　　　　　　　　　　　(b) 添加滤镜后

图 13.46　球面化滤镜

4. 水波

水波滤镜可以使选区内的图像或整个图像产生波纹效果。打开一张图像,然后使用椭圆选框工具在图像上绘制圆形选区,执行"滤镜"→"扭曲"→"水波"命令,在弹出的对话框中设置数量、起伏和样式,单击"确定"按钮后,即可为选区内的图像添加水波滤镜,如图 13.47 所示。

5. 旋转扭曲

旋转扭曲滤镜可以顺时针或逆时针旋转图像。打开一张图像,执行"滤镜"→"扭曲"→"旋转扭曲"命令,可以在弹出的对话框中设置角度,数值为正代表顺时针旋转,数值为负表示逆时针旋转,单击"确定"按钮后,即可为图像添加旋转扭曲滤镜,如图 13.48 所示。

(a) 原图   (b) 添加滤镜后

图 13.47 水波滤镜

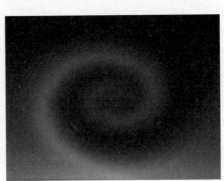

(a) 原图   (b) 添加滤镜后

图 13.48 旋转扭曲滤镜

13.3.4 锐化

锐化滤镜可以通过增加色彩对比使图像变得清晰，锐化滤镜组中有 6 种滤镜，包括防抖、进一步锐化、锐化、锐化边缘、智能锐化与 USM 锐化。这些锐化滤镜都可以使图像变得相对清晰，各个类型滤镜的执行效果存在细微的差异，在此不再具体介绍每种锐化滤镜的执行效果，读者可以自行试验。

打开一张存在轻微模糊的图像，然后执行"滤镜"→"锐化"→"智能锐化"命令，在弹出的对话框中可以设置相关参数，如图 13.49 所示。

(a) 原图   (b) 添加滤镜后

图 13.49 锐化滤镜

13.3.5　像素化

像素化滤镜组可以对图像进行多种处理,像素化滤镜组分为 7 种类型,包括彩块化、彩色半调、点状化、晶格化、马赛克、碎片与铜板雕刻,本节将详细讲解常用的滤镜。

1. 彩色半调

彩色半调滤镜可以模拟在图像的各个通道上使用放大的半调网屏效果。打开一张图像,执行"滤镜"→"像素化"→"彩色半调"命令,在弹出的对话框中可以设置相关参数,单击"确定"按钮后,即可为该图像添加彩色半调滤镜,如图 13.50 所示。

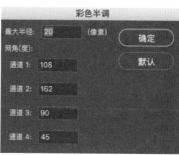

（a）原图　　　　　　　　　　　（b）添加滤镜后

图 13.50　彩色半调滤镜

2. 马赛克

马赛克滤镜可以使图片变为由方块组成的模糊图像。打开一张图像,执行"滤镜"→"像素化"→"马赛克"命令,在弹出的对话框中可以设置单元格大小,单击"确定"按钮后,即可为该图像添加马赛克滤镜,如图 13.51 所示。

（a）原图　　　　　　　　　　　（b）添加滤镜后

图 13.51　马赛克滤镜

13.3.6　渲染

渲染滤镜组包括 8 种滤镜:火焰、图片框、树、分层云彩、光照效果、镜头光晕、纤维与云彩,本节将详细介绍其中的常用滤镜。

1. 火焰

火焰滤镜可以在图像中添加火焰效果,值得注意的是,执行该滤镜前,需要先使用钢笔工具或形状工具绘制路径。新建尺寸为 1000 像素×1000 像素、分辨率为 72 像素/英寸的画布,然后选中多边形工具,在属性栏中将绘图模式设置为"路径",在画布中绘制五边形形状,然后执行"滤镜"→"渲染"→"火焰"命令,如图 13.52 所示。

2. 光照效果

光照效果滤镜可以在图像中添加光照效果。打开一张图像,执行"滤镜"→"渲染"→"光照效果"命令,在弹出的对话框中可以设置相关参数,如图 13.53 所示。

图 13.52　火焰滤镜

图 13.53　"光照效果"面板

在"光照效果"面板中,可以设置灯光类型、灯光的属性,设置完成后,单击面板上方的"确定"按钮,即可为图像添加光照效果滤镜。

3. 镜头光晕

镜头光晕滤镜可以为图像添加光晕,打开一张图像,执行"滤镜"→"渲染"→"镜头光晕"命令,在弹出的对话框中可以设置亮度和镜头类型,在预览窗口中可以按住鼠标左键拖动,从而改变光晕的位置和方向,如图 13.54 所示。

4. 纤维

纤维滤镜可以根据前景色和背景色为图像添加纤维状效果,因此,在执行纤维滤镜前,需要首先设置前景色和背景色。

(a) 原图

(b) 添加滤镜后

图 13.54   镜头光晕滤镜

打开一张图像,设置前景色与背景色,然后执行"滤镜"→"渲染"→"纤维"命令,在弹出的对话框中可以设置差异、强度和随机化,单击"确定"按钮后,即可为该图像添加纤维效果,如图 13.55 所示。

(a) 原图

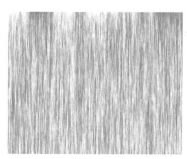
(b) 添加滤镜后

图 13.55   纤维滤镜

5. 云彩

云彩滤镜可以根据前景色和背景色生成云彩图案。在使用云彩滤镜前,需要先设置前景色与背景色,然后执行"滤镜"→"渲染"→"云彩"命令,此滤镜没有参数设置对话框,执行命令后会自动生成随机的云彩效果,如图 13.56 所示。

图 13.56   云彩滤镜

13.3.7   杂色

杂色滤镜组可以添加或减少图像中的杂色,杂色滤镜组分为 5 种滤镜,包括减少杂色、蒙尘与划痕、去斑、添加杂色与中间值,本节将详细讲解其中添加杂色的使用方法。

打开一张图像,然后执行"滤镜"→"杂色"→"添加杂色"命令,在弹出的对话框中可以设置数量和参数,如图 13.57 所示。

随学随练》

使用添加杂色滤镜,配合模糊滤镜,可以制作木纹效果。

【step1】   新建尺寸为 1000 像素×1000 像素、分辨率为 72 像素/英寸的画布。

(a)原图

(b)添加滤镜后

图 13.57　添加杂色

【step2】　将前景色设置为♯bd7940,背景色设置为♯8f3420,然后执行"滤镜"→"渲染"→"云彩"命令,如图 13.58 所示。

【step3】　执行"滤镜"→"杂色"→"添加杂色"命令,在弹出的对话框中设置数量为 20,并勾选"高斯模糊"与"单色",如图 13.59 所示。

图 13.58　云彩滤镜

图 13.59　添加杂色

【step4】　执行"滤镜"→"模糊"→"动感模糊"命令,在弹出的对话框中设置角度为 90,将距离设置为 1200,得到的图像如图 13.60 所示。

【step5】　选择矩形选框工具,在画布中绘制矩形选区,如图 13.61 所示。

图 13.60　动感模糊

图 13.61　绘制矩形选区

【**step6**】 执行"滤镜"→"扭曲"→"旋转扭曲"命令,在弹出的对话框中设置角度为230,如图 13.62 所示。

【**step7**】 重复执行 step6 的操作,绘制更多的旋转扭曲效果,如图 13.63 所示。

图 13.62 旋转扭曲

图 13.63 多次执行旋转扭曲

【**step8**】 新建尺寸为1200 像素×1200 像素、分辨率为 72 像素/英寸的画布,使用渐变工具,将该画布的颜色设置为黑色至灰色的渐变,如图 13.64 所示。

【**step9**】 选择圆角矩形工具,绘制大小为714 像素×714 像素、圆角为80 的圆角矩形,然后将 step7 得到的木纹效果复制到新建的画布中,调整位置和大小,按 Ctrl＋Alt＋G 组合键将木纹图层剪贴到圆角矩形上,如图 13.65 所示。

图 13.64 新建画布

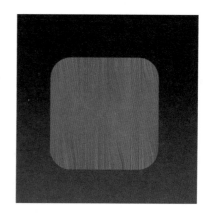

图 13.65 绘制圆角矩形

【**step10**】 双击圆角矩形图层名称后的空白处,为该图层添加斜面和浮雕、内阴影、内发光、投影图层样式,如图 13.66 所示。

【**step11**】 选中椭圆工具,绘制大小为 516 像素×516 像素的正圆形,复制该正圆形,大小缩小到 474 像素×474 像素,同时选中这两个圆形图层,执行"图层"→"合并形状"→"减去顶层形状"命令,选中合并后的图层,在"图层"面板中将填充设置为 0%,在"图层样式"面板中为该圆形添加描边样式,如图 13.67 所示。

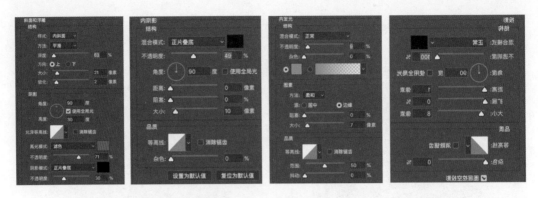

图 13.66　添加图层样式

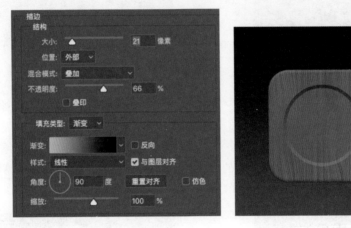

图 13.67　绘制圆环

【step12】　选中椭圆形状工具,绘制大小为 474 像素×474 像素的正圆形,为该圆形形状添加内阴影和渐变叠加样式,如图 13.68 所示。

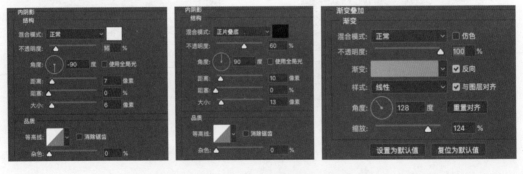

图 13.68　绘制正圆形

【step13】　step12 为圆形添加图层样式后,得到的图像如图 13.69 所示。

【step14】　使用椭圆工具绘制大小为 380 像素×380 像素的正圆形,并为该圆形添加渐变叠加和投影样式,如图 13.70 所示。

【step15】　使用椭圆工具绘制大小为 338 像素×338 像素的正圆形,填充角度渐变,如图 13.71 所示。

图 13.69　效果图

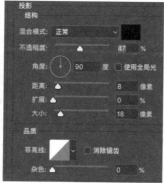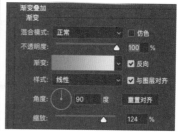

图 13.70　绘制正圆形

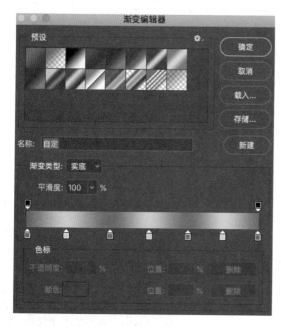

图 13.71　绘制正圆形

【step16】 为 step15 绘制的圆形添加内阴影和投影样式,如图 13.72 所示。

图 13.72 效果图

13.3.8 其他

其他滤镜组包含 6 种滤镜:高反差保留、位移、自定、最大值、最小值和 HSB/HSL。其中,高反差保留常用来修饰人物头像,本节将详细介绍该种滤镜的使用,对于其他类型的滤镜,读者可以自行试验其效果。

打开一张图像,执行"滤镜"→"其他"→"高反差保留"命令,在弹出的对话框中可以设置半径,数值越大,保留的原始图像的像素越多,如图 13.73 所示。

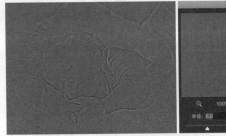

(a) 原图 (b) 添加滤镜后

图 13.73 高反差保留

随学随练 》

使用高反差保留滤镜,搭配通道可以完成人像磨皮操作,本案例运用这两种工具达到修饰人像的目的。

【step1】 打开素材图像 13-1.jpg,如图 13.74 所示。

【step2】 按 Ctrl+J 组合键复制图像,选中复制得到的图层,在"通道"面板中选中"蓝"通道并复制,如图 13.75 所示。

【step3】 选中复制的蓝通道,执行"滤镜"→"其他"→"高反差保留"命令,在弹出的对话框中设置半径为 22,使图像面部中的瑕疵显示出来,如图 13.76 所示。

图 13.74 打开素材

图 13.75　复制"蓝"通道

图 13.76　高反差保留

【**step4**】　选中该复制的"蓝"通道,执行"图像"→"计算"命令,在弹出的对话框中设置混合模式为"强光",再执行一次"图像"→"计算"命令,得到的图像如图 13.77 所示。

图 13.77　"计算"命令

【**step5**】　按住 Ctrl 键的同时,单击复制的蓝通道的缩览图,将亮色区域载入选区,按 Shift＋Ctrl＋I 组合键进行反相,如图 13.78 所示。

图 13.78　将暗部载入选区

【**step6**】　回到 RGB 通道,在"图层"面板中选中复制得到的图层,按 Ctrl＋H 组合键隐藏选区,按 Ctrl＋M 组合键调出曲线,提亮选区中的图像即可,如图 13.79 所示。

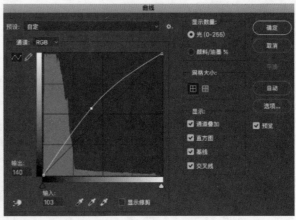

图 13.79　曲线

小　　结

　　本章针对通道设置了三节内容,13.1 节讲解了滤镜的基础,13.2 节详细介绍了内阙滤镜的操作方法和效果,13.3 节讲解了常用的内置滤镜。通过本章的学习,读者能够熟练掌握常用滤镜的用法,由于滤镜的种类繁多,且使用灵活,读者需要在熟悉其基本操作的基础上,注重各种滤镜的搭配使用。

习　　题

1. 填空题

（1）滤镜分为_____、_____、外挂滤镜三种。

（2）_____属于非破坏性滤镜,可以方便地调整各滤镜的参数。

（3）_____滤镜用来矫正图像角度,可以对扭曲、歪斜的图像进行矫正。

（4）在风格化滤镜组中,_____滤镜可使图像分解成一系列重叠放置的立方体或锥体,从而产生 3D 的图像效果。

（5）在模糊滤镜中,_____滤镜可以使图像在某个方向上产生具有动感的效果。

2. 选择题

（1）以下滤镜中,不属于内阙滤镜的是(　　)。

　　A. 滤镜库　　　　　　B. 液化　　　　　　　C. 镜头矫正　　　　　D. 高反差保留

（2）使用(　　)滤镜,可以制作高速旋转的车轮效果。

　　A. 高斯模糊　　　　　B. 动感模糊　　　　　C. 径向模糊　　　　　D. 表面模糊

（3）使用(　　)滤镜,搭配通道可以进行人像磨皮。

　　A. 高反差保留　　　　B. 彩色半调　　　　　C. 查找边缘　　　　　D. 等高线

（4）在渲染滤镜组中,(　　)滤镜可以为图像添加光晕。

　　A. 火焰　　　　　　　B. 纤维　　　　　　　C. 云彩　　　　　　　D. 镜头光晕

(5) 在液化滤镜中,其具体的工具包括(　　)。(多选)

  A. 向前变形工具 B. 重建工具   C. 褶皱工具   D. 膨胀工具

  E. 左推工具   F. 旋转扭曲工具

3. 思考题

(1) 简述使用径向模糊制作高速旋转车轮的步骤。

(2) 简述使用高反差保留磨皮的基本步骤。

4. 操作题

使用高反差保留滤镜修饰图 13-1.jpg 中的人物图像,如图 13.80 所示。

图 13.80 13-1.jpg

第 14 章 动 画 制 作

本章学习目标：
- 学习帧动画的制作。
- 学习时间轴动画的制作。

Adobe 公司开发了许多种图像和音视频制作软件，其中，After Effects 是专门用来制作动效的软件，在 Photoshop 中也可以制作简单的动效，包括帧动画与时间轴动画，本章将详细讲解这两种动画的制作方法。

14.1 制作帧动画

在 Photoshop 中，可以使用时间轴制作简单的帧动画，每一帧代表图像的变动情况，帧与帧之间不会自动生成过渡的帧，因此，帧动画的流畅度较低，本节将详细讲解帧动画的制作方法。

14.1.1 前期准备

在使用时间轴制作动画前，需要首先准备动画的基础图像，帧动画需要配合图层来制作。打开一个 PSD 文件，或使用 Photoshop 绘制图像，如图 14.1 所示。

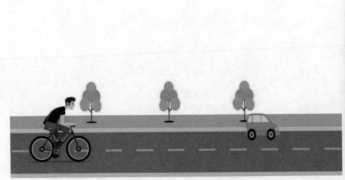

图 14.1　素材制作

值得注意的是，需要变化的图像必须为单独的图层，如图 14.1 中的"骑车人"。准备好素材后，执行"窗口"→"时间轴"命令，在软件窗口的下方出现"时间轴"面板，如图 14.2 所示。单击"创建帧动画"按钮，即可使"时间轴"面板处于帧动画模式。

图 14.2　"时间轴"面板

14.1.2　帧动画面板

打开准备好的图像后,执行"窗口"→"时间轴"命令,并在"时间轴"面板中选中"创建帧动画",在软件下方即可出现帧动画时间轴面板,如图 14.3 所示。

图 14.3　帧动画时间轴面板

转换为视频时间轴 ▉:单击该按钮,即可转换到视频时间轴。

循环选项:单击下拉按钮,可以选择"1 次""3 次""永远""其他",选中"其他",可以设置具体的循环次数。

选择第一帧 ▉:单击该按钮,可以选中第一帧,文档窗口中的图像也切换回第一帧。

选择上一帧 ▉:单击该按钮,可以选中上一帧,文档窗口中的图像也切换至上一帧。

播放 ▉:单击该按钮,可以播放该帧动画,在窗口中可以观察动画效果。

选择下一帧 ▉:单击该按钮,可以选中下一帧,文档窗口中的图像也切换至下一帧。

过渡动画帧 ▉:单击该按钮,可以在"过渡"面板中设置过渡方式和要添加的帧数,如图 14.4 所示。设置过渡动画帧后,可以在时间轴上自动添加关键帧,从而使动画过渡得相对缓和。

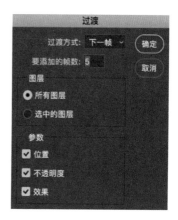

图 14.4　"过渡"面板

复制选定的帧 ▉:选中某一帧,然后单击该按钮,可以复制选中的帧。

删除帧 ▉:选中需要删除的帧,然后单击该按钮,即可删除该选中的帧。

设置帧延迟的时间:单击下拉箭头,可以设置帧延迟的时间。

14.1.3　制作帧动画

打开准备好的 PSD 格式的素材文件,在"图层"面板中选中需要制作动效的图层,执行"窗口"→"时间轴"命令,在软件下方的"时间轴"面板中选中"创建帧动画"选项,即可进入帧动画时间轴编辑面板,如图 14.5 所示。

(a) 帧动画时间轴   (b) "图层"面板

图 14.5　帧动画

在帧动画时间轴中，单击 ⬜ 按钮，复制第一帧，即可为帧动画添加帧，如图 14.6 所示。

图 14.6　复制第一帧

在"图层"面板或文档窗口中可以对该选中的图层图像进行编辑，例如，移动、更改不透明度、更改图层的混合样式、添加图层样式、打开或关闭图层的可见性，编辑完成后，即可将修改后的状态保存在复制的帧中，单击"播放"按钮 ▶ 即可预览动画效果。以移动图像为例，制作骑车人位移的动画，添加第二帧后，在"图层"面板中选中"骑车人"图层，然后在工具栏中选中移动工具，向右拖动骑车人至画布的右侧，如图 14.7 所示。

(a) 原图   (b) 移动后

图 14.7　编辑图像

编辑完成图像后，单击帧缩览图下的下拉按钮，设置帧的延长时间为 0.1s，循环选项设置为"永远"，单击"播放"按钮 ▶ 即可预览动画效果。因帧动画时间轴面板中只有两帧，因此该动画不够流畅。针对此问题，可以通过过渡动画帧填补中间的过渡帧，从而增加动画的流畅度，如图 14.8 所示。

14.1.4　保存帧动画

帧动画制作完成后，需要对该动画进行保存。执行"文件"→"导出"→"存储为 Web 所用格式"命令，在弹出的对话框中设置格式为 GIF，并在右下角的"循环选项"栏设置为"永远"，单击"存储"按钮即可，如图 14.9 所示。

图 14.8　设置过渡

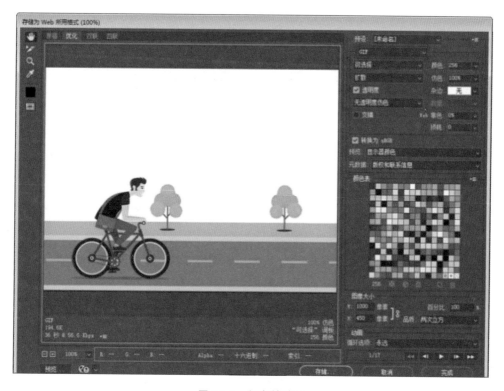

图 14.9　保存帧动画

　　在 Photoshop 中,可以使用帧动画时间轴制作较为简单的动画,以上内容介绍了帧动画的制作步骤与保存,在此通过一个案例练习帧动画的制作。

　　【step1】　打开素材图 14-1.psd,如图 14.10 所示。

　　【step2】　选中 hot 图层,执行“窗口”→“时间轴”命令,选中“创建帧动画”选项,即可进入帧动画时间轴编辑面板,如图 14.11 所示。

　　【step3】　单击 按钮,复制第一帧,在“图层”面板中将 hot 图层隐藏,如图 14.12 所示。

327

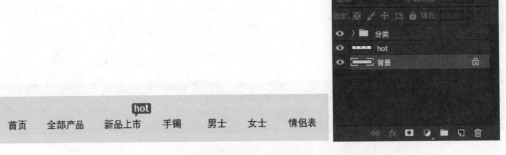

图 14.10　打开素材

图 14.11　创建帧动画

图 14.12　复制帧

【**step4**】　将帧的延长时间设置为 0.3s，如图 14.13 所示。

图 14.13　设置延长时间

【**step5**】　单击"播放"按钮 ▶ ，在文档创建中可以观察动画效果。

【**step6**】　制作好帧动画后，需要将该动画保存为 GIF 格式。执行"文件"→"导出"→"存储为 Web 所用格式"命令，在弹出的对话框中设置格式为 GIF，并在右下角的"循环选项"栏设置为"永远"，单击"存储"按钮即可。

14.2　制作时间轴动画

14.1节内容介绍了帧动画的制作方法,除此以外,运用 Photoshop 还可以制作时间轴动画,时间轴动画可以完成更加方便的变换,本节将详细讲解时间轴动画的制作方法。

与帧动画一样,制作时间轴动画前,也需要首先准备好相关素材。

14.2.1　时间轴动画面板

打开 PSD 格式的文件,执行"窗口"→"时间轴"命令,在"时间轴"面板中选中"创建视频时间轴"选项,并单击该按钮,即可进入时间轴动画的编辑面板,如图 14.14 所示。

图 14.14　时间轴动画面板

转换为帧动画 ▦ :单击该按钮,可以将时间轴动画转换为帧动画。

帧速率:指一秒钟经过的画面数量,例如 30f/s,代表每秒钟经过 30 帧图像,单击面板扩展菜单 ▤ ,在列表中选择"设置时间轴帧速率"选项,可以修改帧速率。

控制时间轴显示比例:向左拖动控制条可以缩小显示比例,向右拖动控制条可以增大显示比例。

当前时间指示器:可以控制时间的位置,时间指示器所在的位置即为当前画面状态。

14.2.2　制作时间轴动画

打开准备好的 PSD 格式的文件,执行"窗口"→"时间轴"命令,在"时间轴"面板中选择"创建视频时间轴"选项,并单击该按钮,即可进入时间轴动画的编辑状态,如图 14.15 所示。

在视频时间轴面板中,单击"轮滑"轨道前的扩展按钮,列表中包括位置、不透明度、样式三种变换类型,将时间指示器拖动到轨道的起始位置,单击"位置"前的 ⏱ 按钮,可以建立第一个关键帧,此关键帧记录了初始状态下的图像,如图 14.16 所示。

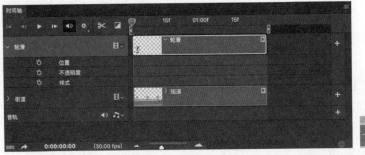

图 14.15　时间轴动画面板

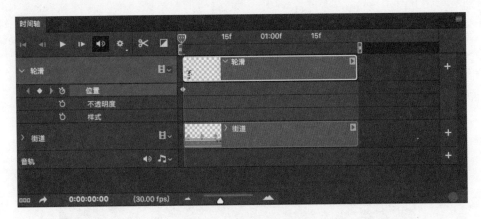

图 14.16　建立初始关键帧

将时间指示器向右移动到合适位置，然后在"图层"面板中选中"轮滑"图层，选中移动工具将该图像移动到画布的右侧，此时在时间指示器所在位置自动建立一个关键帧，此关键帧会记录当前图像的状态，如图 14.17 所示。

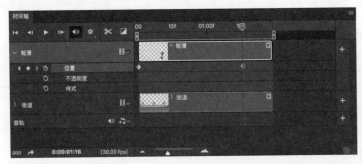

图 14.17　编辑位置

建立好关键帧后，单击"时间轴"面板中的"播放"按钮 ▶ ，即可预览该动画效果。若要退出时间轴编辑状态，可以单击"面板扩展菜单"按钮 ▤ ，在列表中选中"关闭"或"关闭选项卡组"即可。若要循环播放时间轴动画，可以单击窗口中的 ⚙ 按钮，勾选"循环播放"即可。

14.2.3　保存时间轴动画

时间轴动画制作完成后，需要进行保存。执行"文件"→"导出"→"存储为 Web 所用格

式"命令,在弹出的对话框中选中格式为 GIF 格式,将"循环选项"设置为"永远",如图 14.18
所示。

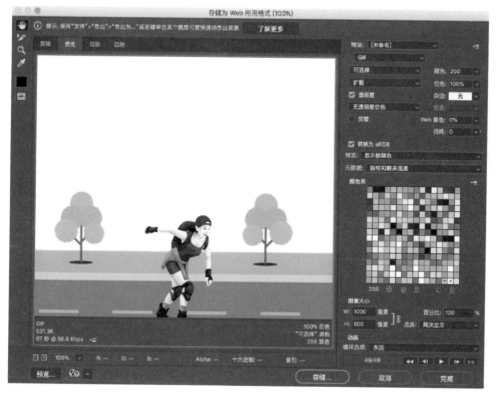

图 14.18　存储时间轴动画

以上保存方法可以将时间轴动画保存为 GIF 图,若需要再次编辑动画,则需要将文件
保存为 PSD 格式。

小　　　结

本章针对通道设置了两节内容,14.1 节讲解了帧动画的制作,14.2 节详细介绍了时间
轴动画的制作。通过本章的学习,读者能够熟练制作帧动画与时间轴动画。时间轴动画能
够单独控制每个图层的变换,并且可以补足关键帧之间的变化轨迹,因此读者需要勤加练习
时间轴动画的制作方法。

习　　　题

1. 填空题

(1) 在 Photoshop 中,可以制作_____与时间轴动画。

(2) 执行"文件"→"导出"→"存储为 Web 所用格式"命令,在弹出的对话框中设置格式为
_____,并在右下角的"循环选项"栏设置为_____,单击"存储"按钮即可保存 GIF 动画。

（3）_____是指一秒钟经过的画面数量。

（4）可以通过_____填补中间的过渡帧，从而增加动画的流畅度。

（5）若需要再次编辑动画，则需要将文件保存为_____格式。

2. 选择题

（1）执行（　　）命令，在软件窗口的下方出现时间轴编辑面板。

    A."窗口"→"时间轴"　　　　　　　　B."窗口"→"动作"

    C."窗口"→"历史记录"　　　　　　　D."窗口"→"导航器"

（2）在帧动画时间轴中，单击（　　）按钮，即可为帧动画添加帧。

    A."选择下一帧"　　　　　　　　　　B."选择第一帧"

    C."过渡动画帧"　　　　　　　　　　D."复制选定的帧"

（3）帧动画制作完成后，执行"文件"→"导出"→"存储为 Web 所用格式"命令，在弹出的对话框中设置格式为（　　），单击"存储"按钮即可将图像保存为动态图片。

    A. JPEG　　　　　B. PNG　　　　　C. GIF　　　　　　D. WBMP

（4）（　　）可以控制时间的位置，它所在的位置即为当前画面状态。

    A. 控制时间轴显示比例　　　　　　B. 当前时间指示器

    C. 帧速率　　　　　　　　　　　　D. 播放控制

（5）若要退出时间轴编辑状态，可以单击"面板扩展菜单"按钮，在列表中选中（　　）或（　　）即可。

    A. 关闭　　　　　　　　　　　　　B. 注释

    C. 删除时间轴　　　　　　　　　　D. 关闭选项卡组

3. 思考题

（1）简述制作帧动画的步骤。

（2）简述制作时间轴动画的基本步骤。

4. 操作题

在 Photoshop 中制作时间轴动画效果。

第 15 章　自动化操作

本章学习目标：
- 学习动作的创建过程。
- 学习批处理的操作步骤。

随着工业的发展，机器在工厂生产中被广泛使用，机器可以根据设定的程序完成重复的操作，从而既减少人力的投入，又提高生产效率。同样地，在 Photoshop 中，可以通过动作和批处理自动执行重复的步骤，从而简化操作。

15.1　创 建 动 作

动作可以记录操作的每个步骤，通过在其他文件中执行该动作来自动高效地完成任务处理，从而简化操作，节省图像的制作时间。本节将详细讲解动作的创建步骤和使用方法。

15.1.1　"动作"面板

在"动作"面板中可以进行动作的创建和执行，执行"窗口"→"动作"命令，即可打开"动作"面板，如图 15.1 所示。接下来详细讲解该面板中各个按钮的功能。

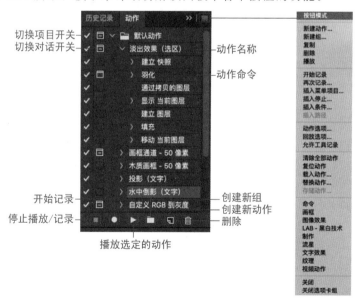

图 15.1　"动作"面板

切换项目开关：如果动作组、动作名称和动作命令前有该图标，代表该动作组、动作名称和动作命令可以执行。

切换对话开关：如果命令前显示为该图标，代表动作执行到该命令时会暂停，并打开相应的命令对话框，可以在对话框中修改参数。如果动作组或动作前有该标志，代表该动作中有部分命令设置了暂停。

停止播放/记录：用来停止播放动作和停止记录动作。

开始记录：单击该按钮，即可开始记录动作。

播放选定的动作：单击该按钮，可以执行选中的动作。

创建新组：单击该按钮，可以创建动作组。

创建新动作：单击该按钮，可以创建一个新动作。

删除：单击该按钮，可以删除选中的动作组、动作或动作命令。

面板菜单：单击"动作"面板右上方的"面板菜单"按钮，可以进行更多操作。

15.1.2　创建动作

动作可以记录用选框工具、移动工具、多边形、套索、魔棒、裁剪、渐变、油漆桶、文字、吸色器等工具执行的操作，也可以记录在"历史记录"面板、"图层"面板、"通道"面板、"路径"面板、"颜色"面板、"样式"面板中执行的操作。

在 Photoshop 中打开素材文件，执行"窗口"→"动作"命令，即可进入"动作"面板。在"动作"面板中单击"创建新组"按钮，在弹出的面板中将新组名称设置为"动作 1"，单击"确定"按钮后，即可创建新的动作组，如图 15.2 所示。

选中新建的"动作 1"，然后单击面板中的"新建动作"按钮，在弹出的面板中设置动作名称为"调整颜色"，功能键默认为"无"，颜色设置为红色（为了便于查找），如图 15.3 所示。

图 15.2　创建新组

单击"记录"按钮后，即可开始记录动作，此时"开始记录"按钮变为红色。进行完动作的录制后，需要单击"停止记录"按钮，此时可以在"动作"面板中显示新建的动作，如图 15.4 所示。

图 15.3　新建动作

图 15.4　动作

15.1.3 执行动作

动作创建完成后，可以运用在其他文件中。打开一个文件，然后执行"窗口"→"动作"命令，在"动作"面板中选中新建的动作，单击"动作"面板中的"播放"按钮 ▶，即可执行选中的动作，如图 15.5 所示。若只需要执行动作中的某一项动作，可以选中该命令，然后按住 Ctrl 键的同时单击"播放"按钮即可。

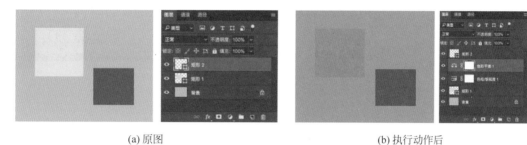

(a) 原图   (b) 执行动作后

图 15.5　执行动作

15.1.4 在动作中插入项目

在使用 Photoshop 录制动作时，有可能会漏掉一个或多个动作命令，如果重新录制会占用较多时间，此时可以在录制完成的动作中插入缺少的动作。

选中需要插入动作命令处的前一步操作，单击"动作"面板右上方的"面板菜单"按钮 ▤，在列表中选中"插入菜单项目"选项，此时弹出警示框，如图 15.6 所示。

图 15.6　插入菜单项目

警示框中提示菜单项无选择，在不关闭此对话框的前提下，在菜单栏中选中某一项命令，如"图像"→"图像旋转"→"顺时针 90 度"，此时警示框会显示菜单项为"顺时针 90 度"，如图 15.7 所示。单击"确定"按钮后，即可为该动作组添加动作命令。

图 15.7　选择菜单命令

15.1.5 插入停止

在使用 Photoshop 录制动作时，存在部分动作无法记录的情况，此时可以使用"插入停

自动化操作

止"命令,手动执行这些无法记录的操作。

选中需要插入停止命令处的上一项命令,单击"动作"面板右上方的"面板菜单"按钮 ,在列表中选中"插入停止"选项,在弹出的面板中可以设置信息,勾选"允许继续"选框,单击"确定"按钮后,即可插入停止命令,如图 15.8 所示。

15.1.6 存储/载入动作

动作录制完成后,可以将该动作进行存储,在"动作"面板中选中动作组,然后单击该面板右上方的"面板菜单"按钮,在列表中选择"存储动作"选项,在弹出的面板中设置动作的名称与位置,如图 15.9 所示,单击"存储"按钮即可。

图 15.8 插入停止

(a) 存储   (b) 动作文件

图 15.9 存储动作

在 Photoshop 中,除了可以使用软件默认的动作和创建的动作外,还可以载入外挂动作。通过浏览器在网上搜索所需动作并下载,然后进入 Photoshop,单击"动作"面板中的"面板菜单"按钮,在列表中选择"载入动作"选项,选中下载的 atn 格式的文件,即可将该动作载入软件中。

> **随学随练**

使用动作可以大大简化重复的操作,从而节省设计的时间成本,通过本案例创建制作长阴影的动作,并将创建的动作运用到另一图像上。

【step1】 打开一张 PSD 格式的图像,按 Ctrl+J 组合键复制"图标"图层,如图 15.10 所示。

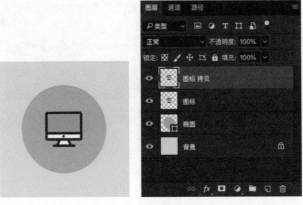

图 15.10 打开素材

【step2】 选中"图标拷贝"图层,执行"窗口"→"动作"命令,在"动作"面板中单击"创建新组"按钮 ,在弹出的面板中,将动作组名称设置为"长投影",单击"确定"按钮即可新建动作组,如图15.11所示。

【step3】 选中"长投影"组,单击"动作"面板下的"创建新动作"按钮 ,在弹出的面板中设置动作名称为"长投影",并将颜色设置为红色,单击"确定"按钮后,即可开始记录动作,如图15.12所示。

图 15.11　创建新组　　　　　　　　　图 15.12　创建新动作

【step4】 从此步开始,可以被记录的操作都将记录在动作中。为了不影响动作的重复使用,应尽量避免错误操作。按 Ctrl+J 组合键复制"图标拷贝"图层,选中移动工具,按↓键使图像向下移动1像素,按→键使图像向右移动1像素,如图15.13所示。

【step5】 按 Ctrl+E 组合键,将最顶层的图层与其下层的图层合并,如图15.14所示。

图 15.13　移动复制的图像　　　　　　　图 15.14　合并图层

【step6】 重复 step4 和 step5 的操作,直到复制的图层覆盖椭圆的右下角,如图15.15所示。

【step7】 将"图标拷贝"图层置于"图标"图层下,然后在"动作"面板中单击"停止记录"按钮 ,至此动作创建完成,如图15.16所示。

【step8】 选中"图标拷贝"图层,将该图层载入选区,然后使用渐变工具填充阴影的颜色,如图15.17所示。

自动化操作

图 15.15 重复操作

图 15.16 停止记录

图 15.17 填充颜色

15.2 批量化处理

在实际工作中,有时需要对一批图片文件进行相同的操作,如果单个处理这些文件,会消耗过多时间,不利于提高工作效率。通过使用软件中的批处理功能可以完成大量的重复操作,从而节省工作时间,本节将详细讲解批处理功能的使用。

15.2.1 批处理的运用

批处理需要结合动作一起使用,从而达到批量处理文件的目的。例如,若要批量调整图片的色彩,使这些图层都呈现同一种风格效果,可以使用批处理功能实现。

首先将需要进行处理的图像保存在桌面的一个文件夹下,如图 15.18(a)所示,然后在 Photoshop 中制作动作或载入下载的外挂动作,在此载入调色动作,如图 15.18(b)所示。

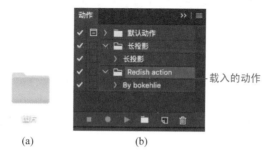

(a)　　　　　(b)

图 15.18　载入外挂动作

执行"文件"→"自动"→"批处理"命令,在弹出的面板中设置相关的命令,如图 15.19 所示。

图 15.19　"批处理"面板

动作组:在下拉列表中选中载入的动作。

动作:选中动作组后,该栏目自动切换为动作组下的动作。

源:使用默认的"文件夹"。

选择:单击该按钮,选中需要进行批处理的文件夹。

目标：在下拉列表中存在三种存储方式——"无""存储并关闭"和"文件夹"。"无"代表不存储(除非动作中包括存储命令)；"存储并关闭"是指将文件夹存储在当前位置，并覆盖原来的文件；"文件夹"是指将文件存储到另一位置，单击下方的"选择"按钮即可选择文件。

覆盖动作中的"存储为"命令：勾选该选项，文件将被保存到批处理命令中设定的位置，若不勾选该选项，文件将被存储到动作命令中指定的位置。

了解"批处理"面板的相关设置后，可以将如图 15.18(a)所示的文件夹中的图片进行批处理操作，使用载入的 By bokehlie 动作调整文件夹中各个图片的色彩。在 Photoshop 中执行"文件"→"自动"→"批处理"命令，然后在"批处理"面板中设置相关参数，如图 15.20 所示。

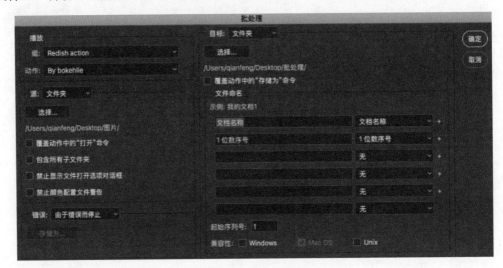

图 15.20　面板设置

单击"确定"按钮，即可进行批处理，"图片"文件夹中的图片全部执行了动作的色彩变换，变换后的图片存储到桌面的"批处理"文件夹中，如图 15.21 和图 15.22 所示。

(a) 1.jpg　　　(b) 2.jpg　　　(c) 3.jpg

图 15.21　原图

(a) 11　　　(b) 22　　　(c) 33

图 15.22　批处理后

以上内容详细讲解了批处理的使用方法,利用批处理可以十分快捷地完成大量的重复操作,从而极大地缩减工作时间,提高效率。

15.2.2　图像处理器批处理文件

除了以上方法可以进行图像的批量处理外,使用"图像处理器"命令也可以进行批量处理,这种批量处理命令可以不用结合动作来完成,但是能够实现的操作较为单一,为了弥补这一缺陷,可以在"图像处理器"面板的首选项中选择批量处理的动作。本节将详细讲解"图像处理器"命令的使用。

在 Photoshop 中执行"文件"→"脚本"→"图像处理器"命令,在弹出的面板中可以设置相关选项,如图 15.23 所示。

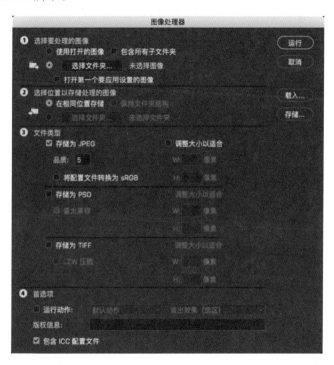

图 15.23　图像处理器

选择要处理的图像:可以处理任何打开的图像,也可以处理一个文件夹中的图像。

选择位置以存储处理的图像:可以选择将图像存储在当前位置,也可以存储到指定的位置。

文件类型:通过更改文件类型,从而达到批量更改图像格式的目的。

首选项:可以使用创建好的动作进行文件的批量处理。

随学随练》

使用"图像处理器"命令将文件夹中的 jpg 格式的图像转换为 tif 格式的图像。

【step1】　将需要转换格式的图像拖入到同一个文件夹下,文件夹命名为"图像处理",如图 15.24 所示。

【step2】　执行"文件"→"脚本"→"图像处理器"命令,在弹出的面板中设置相关选项,如图 15.25 所示。

自动化操作

(a) 1.jpg

(b) 2.jpg

(c) 3.jpg

图 15.24　jpg 格式图像

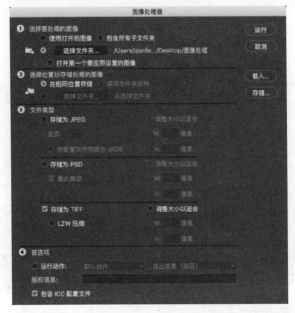

图 15.25　选项设置

【step3】　单击"运行"按钮,即可将"图像处理"文件夹下的 jpg 格式文件转换为 tif 格式,如图 15.26 所示。

(a) 1.tif

(b) 2.tif

(c) 3.tif

图 15.26　转换后

小　　结

本章针对通道设置了两节内容,15.1 节讲解了动作的制作和使用,15.2 节详细介绍了批量化处理的两种方法。通过本章的学习,读者能够熟练使用动作进行同种效果的制作,掌握批量化处理的基本步骤。由于动作与批量化处理都能极大地提高处理图像的效率,因此需要读者熟练掌握这两种高级操作。

习　题

1. 填空题

(1) 在 Photoshop 中，执行"_____"命令，即可打开"动作"面板。

(2) 单击_____按钮，即可开始记录动作。

(3) 批处理需要结合_____一起使用，从而达到批量处理文件的目的。

(4) 在"动作"面板中选中动作，单击"动作"面板中的_____按钮，即可执行选中的动作。

(5) 使用_____命令，可以在动作中插入缺失的动作命令。

2. 选择题

(1) 进行完动作的录制后，需要单击(　　)按钮，此时可以在"动作"面板中显示新建的动作。

    A. 开始记录　　　　　B. 停止播放　　　　　C. 停止记录　　　　　D. 新建动作

(2) 若只需要执行动作中的某一项动作，可以选中该命令，然后在按住(　　)键的同时单击"播放"按钮即可。

    A. Alt　　　　　　　　　　　　　　　B. Shift

    C. Ctrl　　　　　　　　　　　　　　D. Shift＋Alt 组合

(3) 在使用 Photoshop 录制动作时，存在部分动作无法记录的情况，此时可以使用(　　)命令，手动执行这些无法记录的操作。

    A. 存储动作　　　　　B. 停止播放　　　　　C. 载入动作　　　　　D. 插入停止

(4) 使用(　　)命令可以批量处理文件，使这些图片批量执行同一种动作。

    A. 批处理　　　　　　B. 动作　　　　　　　C. 历史动作　　　　　D. 库

(5) 动作可以记录用(　　)等工具执行的操作。

    A. 选框工具　　　　　B. 移动工具　　　　　C. "历史记录"面板　　D. 多边形

    E. "图层"面板

3. 思考题

(1) 简述制作动作的步骤。

(2) 简述批量化处理图像的基本步骤。

4. 操作题

打开素材图 15-1.jpg，使用 Photoshop 默认动作中的"木质画框"动作，为图像添加画框，如图 15.27 所示。

图 15.27　素材图 15-1.jpg

附录   学习设计的网站推荐

国内网站：

1. 站酷网（http://www.zcool.com.cn）
2. 花瓣网（http://huaban.com）
3. UI 中国（http://www.ui.cn）
4. 虎课网（https://huke88.com）
5. 优设网（https://www.uisdc.com）
6. 阿里图标（http://www.iconfont.cn）

国外网站：

1. behance（https://www.behance.net）
2. dribble（https://dribble.com）